Espaço e tempo na física contemporânea

MORITZ SCHLICK

Espaço e tempo na física contemporânea
Uma introdução à teoria da relatividade e da gravitação

TRADUÇÃO
Ricardo Ploch

*mundaréu

© Editora Madalena, 2016

TÍTULO ORIGINAL
Raum und Zeit in der gegenwärtigen Physik - zur Einführung in das Verständnis der Relativitäts und Gravitationstheorie

Tradução a partir da 4ª edição revista e ampliada,
Julius Springer Verlag, 1922

COORDENAÇÃO EDITORIAL – COLEÇÃO LINHA DO PENSAMENTO
Tiago Tranjan

PROJETO GRÁFICO E CAPA
Claudia Warrak

DIAGRAMAÇÃO
Bianca Galante

REVISÃO TÉCNICA
Giovane Rodrigues e Tiago Tranjan

A tradução desta obra contou com o apoio do Instituto Goethe, que é financiado pelo Ministério de Relações Exteriores da Alemanha.

Edição conforme o Acordo Ortográfico
da Língua Portuguesa (1990).

Dados Internacionais de Catalogação na Publicação (CIP)
(Câmara Brasileira do Livro, SP, Brasil)

Schlick, Moritz.
  Espaço e tempo na física contemporânea : uma introdução à teoria da relatividade e da gravitação / Moritz Schlick ; tradução Ricardo Ploch. – São Paulo : Mundaréu, 2016. –
(Coleção linha do pensamento)

  Título original: Raum und Zeit in der gegenwärtigen Physik.
  ISBN 978-85-68259-12-2

  1. Espaço e tempo 2. Relatividade (Física)
  I. Título. II. Série.

16-06448   CDD-530.11

Índice para catálogo sistemático:
1. Espaço e tempo : Física 530.11

[2016]
Todos os direitos desta edição reservados à
EDITORA MADALENA LTDA. EPP
São Paulo – SP
www.editoramundareu.com.br
vendas@editoramundareu.com.br

SUMÁRIO

PREFÁCIO À QUARTA EDIÇÃO 7

1 De Newton a Einstein 9

2 O princípio de relatividade restrito 15

3 A relatividade geométrica do espaço 31

4 A formulação matemática da relatividade espacial 39

5 A inseparabilidade da geometria e da física na experiência 43

6 A relatividade dos movimentos e sua relação com a inércia e a gravitação 49

7 O postulado geral da relatividade e as determinações métricas do contínuo espaço-tempo 59

8 Estabelecimento e significado da lei fundamental da nova teoria 71

9 A finitude do universo 85

10 Relações com a filosofia 95

LITERATURA RELACIONADA 109

PREFÁCIO À QUARTA EDIÇÃO

O fato de que a terceira edição alemã deste livreto esgotou-se rapidamente mostra que ele ainda possui sua razão de ser, a despeito da multidão de escritos sobre a teoria da relatividade que apareceu nos últimos tempos. Seu caráter peculiar, que o faz sobressair dentre os outros escritos sobre o mesmo assunto, é o que fornece a justificativa de sua existência, e por isso, nesta quarta edição, esforcei-me para conservar e reforçar esse caráter. Tanto antes quanto agora, a exposição é determinada, sobretudo, pela intenção de pôr em relevo as ideias básicas numa forma inteligível e iluminadora, conduzindo o leitor às questões capitais a partir de suas facetas de acesso comprovadamente mais fácil. A fim de esclarecer os pontos que a experiência nos mostrou oferecerem dificuldades à compreensão, a nova edição foi ampliada com toda uma série de inserções. Além disso, tiveram lugar alguns aperfeiçoamentos e complementações. A meta mais fundamental deste escrito é retratar as doutrinas da ciência da natureza nele expostas em sua relação com o conhecimento em geral, isto é, em seu significado filosófico. É por isso que é dada maior ênfase à teoria da relatividade *geral*, especialmente importante para a filosofia da natureza e nossa concepção de mundo. O último capítulo, expressamente filosófico, recebeu alguns acréscimos, embora eu tenha resistido à tentação de oferecer uma elucidação minuciosa das consequências filosóficas das doutrinas de Einstein; no âmbito deste escrito, tal elucidação não teria sido necessária nem desejável.

Termino aqui renovando meus votos de que este escrito possa contribuir para que o admirável universo conceitual da teoria da relatividade e da gravitação venha a desempenhar na vida intelectual do presente o papel que elas merecem.

Kiel, Fevereiro de 1922.

1
De Newton a Einstein

A generalidade que o conhecimento físico alcançou no que diz respeito a seus princípios últimos e a elevação verdadeiramente filosófica que conquistou em nossos dias fazem com que ele supere de longe, em audácia, todos os feitos anteriores do pensamento científico. A física atingiu alturas às quais apenas o epistemólogo ousava levantar os olhos, muito embora sem nunca divisá-las completamente livres de uma névoa metafísica. O guia que mostrou um caminho transitável para essas alturas é Albert Einstein. Por meio de uma análise espantosamente perspicaz, ele purificou os conceitos mais fundamentais da ciência da natureza de preconceitos que haviam permanecido despercebidos através dos séculos, fundamentando assim novas concepções e construindo sobre elas uma teoria física que admite ser testada pela observação. A combinação entre a elucidação crítico-epistêmica dos conceitos e sua aplicação física, por meio da qual ele tornou suas ideias imediatamente utilizáveis de forma empiricamente testável, é certamente a parte mais significativa de suas conquistas. Isso permaneceria assim mesmo que o problema que Einstein conseguiu atacar com essas armas não tivesse sido precisamente o da gravitação, aquele persistente enigma da física cuja solução, necessariamente, nos garantiria um olhar profundo na organização interna do universo.

Os conceitos mais fundamentais das ciências da natureza, no entanto, são o espaço e o tempo. O sucesso sem precedentes da pesquisa que enriqueceu nosso conhecimento da natureza nos últimos séculos fez com que esses conceitos básicos permanecessem intocados até o ano de 1905.[1] Os esforços da física sempre se dirigiam apenas ao substrato que "preenche" o espaço e o tempo: o que ela nos dava a conhecer, de forma cada vez mais exata, era a constituição da matéria e a regularidade dos processos no vácuo, ou, como se dizia até há pouco tempo, no "éter". Tempo e espaço eram, por assim dizer, considerados como recipientes que continham em si aquele substrato e forneciam sistemas de referência fixos com a ajuda dos quais as relações recíprocas entre os corpos e os processos tinham de ser determinadas. Em suma, eles de fato desempenhavam o papel que Newton lhes atribuía com estas conhecidas palavras: "O tempo absoluto, verdadeiro e matemático, em si mesmo e em virtude de sua natureza, flui uniformemente e sem nenhuma relação com qualquer objeto exterior", "O espaço absoluto, em virtude de sua natureza e sem nenhuma relação com um objeto exterior, permanece sempre o mesmo e imóvel".

Da perspectiva da teoria do conhecimento, não demorou a se objetar contra Newton que não fazia sentido falar de espaço e tempo "sem nenhuma relação com um objeto". Mas a física não teve inicialmente nenhuma motivação para se preocupar com essa questão; ela simplesmente procurava explicar as observações à sua maneira habitual, isto é,

---

[1] Merece ser notado, porém, que já no ano de 1904 E. Cohn, em dois tratados publicados nas atas da Academia Prussiana de Ciências – "Para uma eletrodinâmica dos sistemas móveis" – sustentou, incisiva e claramente, a afirmação da relatividade das medições do tempo e do espaço, contrapondo-se à concepção de Lorentz (ver abaixo no texto).

refinando e modificando progressivamente suas representações da constituição e das regularidades da matéria e do "éter".

Um exemplo desse tipo de procedimento é a hipótese de Lorentz e Fitzgerald, segundo a qual todos os corpos que se movem em relação ao éter deveriam sofrer um determinado encolhimento (contração de Lorentz), dependente da velocidade, na direção do movimento. Essa hipótese foi proposta para explicar por que não se conseguia, com o auxílio do experimento de Michelson e Morley (que já discutiremos), detectar um movimento retilíneo e uniforme "absoluto" de nossos instrumentos, embora isso tivesse de ser possível de acordo com as concepções físicas vigentes à época. Dado o contexto geral, a hipótese não podia permanecer satisfatória por muito tempo (como daqui a pouco deve ficar claro), e assim chegara a hora de introduzir como fundamental, também na física, uma consideração epistemológica acerca do movimento. Einstein percebeu que havia um caminho muito mais simples, em princípio, para explicar o resultado negativo do experimento de Michelson. Para tanto, não haveria a menor necessidade de hipóteses físicas especiais, mas apenas do reconhecimento do princípio da relatividade, segundo o qual um movimento retilíneo e uniforme "absoluto" nunca pode ser detectado, uma vez que, pelo contrário, o conceito de movimento só tem significado físico relativamente a um corpo de referência material. Só haveria necessidade, além disso, de uma reflexão crítica a respeito dos pressupostos, até o momento admitidos tacitamente, de nossas medições do espaço e do tempo. Entre eles encontravam-se suposições desnecessárias e injustificadas acerca do significado absoluto de conceitos espaciais e temporais como "comprimento", "simultaneidade" etc. Se os deixamos de lado, o resultado do experimento de Michelson passa a ser perfeitamente compreensível, e sobre o solo assim desbastado é erigida uma teoria física de admirável coerência interna que desenvolve as consequências daquele princípio fundamental e será chamada "teoria da relatividade restrita", porque nela a relatividade do movimento só tem validade para o caso especial do movimento retilíneo e uniforme.

Embora com o princípio de relatividade restrito já se esteja consideravelmente distante dos conceitos de espaço e tempo newtonianos (como se vai perceber na breve exposição da próxima seção), a exigência epistemológica ainda não está satisfeita, uma vez que ele vale apenas para movimentos retilíneos uniformes. Do ponto de vista filosófico, com efeito, seria desejável que *todo* movimento fosse caracterizado como relativo, e não apenas a classe particular de translações uniformes. De acordo com a teoria restrita, movimentos não uniformes continuariam a ter caráter *absoluto*; no que diz respeito a eles, continuaria impossível evitar falar de tempo e espaço "sem nenhuma relação com um objeto".

Entretanto, desde 1905, ano em que formulou o princípio de relatividade restrito para toda a física, Einstein dedicou-se incansavelmente a generalizá-lo, de modo que o princípio valesse não apenas para movimentos retilíneos uniformes, mas para todo e qualquer movimento. No ano de 1915, esses esforços alcançaram uma afortunada conclusão e foram coroados com completo sucesso. Eles conduziram à mais extensa relativização concebível de todas as determinações espaciais e temporais, as quais estão, desde então, sob qualquer ângulo que se as considere, indissociavelmente atreladas à matéria, e apenas continuam a possuir significado em relação a ela; conduziram, ademais, a uma nova teoria dos fenômenos gravitacionais, que levou a física para muito além de Newton. Espaço, tempo e gravitação desempenham na física einsteiniana um papel radicalmente diferente do que na física newtoniana.

Esses resultados têm um significado tão tremendo e fundamental, que nenhuma pessoa minimamente interessada nas ciências da natureza ou em teoria do conhecimento pode ignorá-los. É preciso revirar bastante a história das ciências para encontrar feitos teóricos de importância comparável. Poder-se-ia talvez pensar nos feitos de Copérnico; e mesmo que os resultados de Einstein não tenham podido exercer, sobre a concepção de mundo do público em geral, um efeito tão grande quanto a revolução copernicana, em compensação seu significado para a imagem de mundo puramente teórica é ainda maior, pois Einstein impôs aos fundamentos últimos de nosso conhecimento da natureza uma reformulação muito mais radical que Copérnico.

É por isso compreensível e motivo de alegria que por toda parte se sinta a necessidade de adentrar esse novo universo intelectual. Muitos, contudo, são demovidos dessa ideia pela forma exterior da teoria, uma vez que não conseguem dominar os expedientes matemáticos extremamente complicados necessários para a compreensão do trabalho de Einstein. Mas o desejo de ganhar familiaridade com as novas concepções, mesmo sem recurso àqueles expedientes, deve ser atendido, caso a teoria deva cumprir a parte que lhe cabe na configuração da imagem de universo moderna. E ele pode mesmo ser atendido, uma vez que as ideias fundamentais da nova doutrina são tão simples quanto profundas. Os conceitos de espaço e tempo não são originalmente produtos de complicadas operações do pensamento científico; pelo contrário, nós já temos que lidar incessantemente com eles na vida cotidiana. A partir das concepções mais familiares e corriqueiras, pode-se-lhes afastar, passo a passo, todos os pressupostos arbitrários e injustificados, para que ao fim restem o espaço e o tempo puramente como eles aparecem em funcionamento na física einsteiniana. É seguindo esse caminho que se tentará, aqui, trazer à luz as ideias fundamentais particularmente da nova doutrina do espaço. Chega-se a elas, bastante naturalmente, ao se livrar a antiga representação do espaço de todas as obscuridades e acréscimos desnecessários de pensamento. Queremos abrir uma porta de acesso à teoria da relatividade geral ao esclarecer, por meio de uma reflexão crítica, as ideias sobre o espaço e o tempo que formam o fundamento da nova doutrina e que trazem consigo a compreensão dessa teoria. A fim de nos prepararmos para nossa tarefa, devemos considerar primeiramente as ideias fundamentais da teoria da relatividade restrita.

2
O princípio de relatividade restrito

Tanto histórica quanto conceitualmente, o melhor ponto de partida para uma exposição do princípio é oferecido pelo experimento de Michelson e Morley. Historicamente, porque ele forneceu a primeira ocasião para a formulação da teoria da relatividade, e conceitualmente, porque as tentativas de explicação do experimento de Michelson evidenciam da maneira mais clara possível a oposição entre o velho e o novo modo de pensar.

A situação era a seguinte. As ondas eletromagnéticas que constituem a luz e se espalham no espaço desprovido de matéria à velocidade conhecida de c = 300.000 km/s eram compreendidas, segundo a concepção antiga, como mudanças de estado, que se propagam em forma de onda, de uma substância que preenche, sem lacunas, todos os espaços vazios, até mesmo os interstícios entre as menores partículas dos corpos materiais, e que ganhou o nome de "éter". Desse modo, a luz se propagaria relativamente ao éter com a velocidade c, isto é, obter-se-ia o valor 300.000 km/s, se a velocidade fosse medida em um sistema de coordenadas fixo no éter. Alternativamente, se a velocidade da luz fosse medida a partir de um corpo que, relativamente ao meio condutor das ondas luminosas, move-se com a velocidade q na direção dos raios de luz, o valor da velocidade observada para estes últimos teria de ser $c - q$, uma vez que as ondas luminosas passariam mais lentamente pelo observador que, à frente delas, foge. Mas, caso ele se movesse de encontro à luz com velocidade q, a medição teria como resultado o valor $c + q$.

Contudo, nós nos encontramos – assim prosseguia o raciocínio – sobre nossa Terra exatamente na mesma situação do observador que se move em relação ao éter, pois a única maneira pela qual se podia dar conta do conhecido fenômeno de aberração da luz era supor que o éter não partilha o movimento dos corpos que nele estão, mas permanece em repouso imperturbado. Por conseguinte, nosso planeta, com todos os nossos instrumentos e o que mais esteja sobre ele, viajaria através do éter sem minimamente arrastá-lo consigo. O éter vai deslizando por entre todos os corpos com uma facilidade infinitamente maior que o ar pelas asas de um avião. – Uma vez que não há nenhum lugar em todo o universo onde o éter participe do movimento, um sistema de coordenadas nele fixado desempenha o papel de algo em "repouso absoluto", e isto tornaria possível falar com sentido, na física, de um "movimento absoluto". É claro que este não seria um movimento absoluto em sentido filosófico estrito, pois o que está em jogo ali é justamente um movimento em relação ao éter; poder-se-ia atribuir ao éter e, por tabela, ao universo nele imerso, um movimento ou repouso qualquer no "espaço" – mas essa possibilidade é completamente desprovida de significado, uma vez que já não se estaria lidando com grandezas observáveis. Se existe um éter, o sistema de referência que nele repousa tem de destacar-se de todos os outros, e a prova da realidade física do éter teria e poderia apenas consistir na descoberta desse sistema de referência privilegiado, ao se mostrar, por exemplo, que apenas com referência a *esse* sistema a velocidade de propagação da luz é a mesma em todas as direções, ao passo que não o é com referência a outros corpos. – Um sistema que se movesse junto com a Terra, segundo o que foi dito, não poderia ser o sistema privilegiado e em repouso absoluto, pois a Terra percorre sua órbita ao redor do sol a cerca de 30 km por segundo – de modo que nossos instrumentos se movem com essa velocidade em relação ao éter (caso ignoremos a velocidade própria do sistema solar como um todo, que se acrescentaria àquela). Essa velocidade – que pode, em um primeiro momento, ser considerada como retilínea uniforme – é decerto pequena em relação a c, mas, com o auxílio de arranjos experimentais meticulosamente planejados, seria possível medir sem dificuldades uma alteração dessa ordem na velocidade da luz. Um arranjo como esse foi utilizado no experimento de Michelson. Ele foi projetado de forma tão cuidadosa que mesmo a centésima parte da alteração esperada não poderia deixar de ser observada – se ela estivesse presente.

Mas não apareceu nem sinal dela!

O experimento consistia basicamente em fazer um raio de luz refletir-se em vaivém entre dois espelhos ligados e fixados um de frente para o outro, enquanto a linha que os liga ora estivesse na direção do movimento da Terra, ora perpendicular a ela. Uma conta elementar mostra que o tempo que a luz precisa para percorrer o caminho de ida e volta entre os espelhos, no segundo caso, teria de corresponder a $\sqrt{1-q^2/c^2}$ do valor obtido no primeiro caso, tomando q como a velocidade da Terra em relação ao éter. Mas observações fazendo uso de interferência mostravam com a maior exatidão que o tempo nos dois casos é o *mesmo*.

O experimento ensina, portanto, que, também com referência à Terra, a luz se propaga em todas as direções com a mesma velocidade, e que por conseguinte não é possível, por essa via, detectar um movimento absoluto, um movimento em relação ao éter. E o mesmo vale para outras vias, pois, além do experimento de Michelson, outros experimentos (por exemplo, o de Trouton e Noble a respeito do comportamento de um condensador carregado) também conduziram ao resultado de que um movimento "absoluto" (estamos falando por enquanto somente de movimentos retilíneos uniformes) não pode ser de modo algum constatado.

No que dizia respeito a experimentos ópticos e outros experimentos eletromagnéticos, essa verdade parecia nova. Em contrapartida, há muito tempo já se sabia – e a mecânica newtoniana afirmava da maneira mais clara – que a detecção de um movimento retilíneo uniforme absoluto não podia ser conduzida por meio de um experimento *mecânico*. Na realidade, é um fato de experiência dos mais corriqueiros que todos os processos mecânicos ocorrem exatamente da mesma forma seja em um sistema que se movimenta retilínea e uniformemente (por exemplo, em um navio ou trem em movimento), seja em um sistema em repouso. Não fossem pelos inevitáveis trancos e oscilações (que são movimentos *não uniformes*), um observador viajando no interior de um avião ou trem nunca seria capaz de estabelecer que seu veículo não está em repouso.

A esse velho teorema da mecânica vinha então se acrescentar este novo, a saber, que mesmo experimentos eletrodinâmicos (dos quais fazem parte também os ópticos) não permitem ao observador decidir se ele e seu aparato se encontram em repouso ou em movimento retilíneo uniforme.

Em outras palavras, a experiência nos ensina que a seguinte proposição vale para toda a física: "Todas as leis da natureza formuladas com referência a determinado sistema de coordenadas continuam válidas, exatamente da mesma forma, quando referidas a outro sistema de coordenadas que se movimenta retilínea e uniformemente em relação ao primeiro." Essa proposição empírica chama-se princípio de relatividade "restrito", porque afirma apenas a relatividade de translações uniformes, ou seja, de uma classe bem particular de movimentos. Todos os processos naturais, em qualquer sistema, acontecem exatamente da mesma forma, esteja o sistema em "repouso", esteja ele em movimento retilíneo uniforme. Simplesmente não há uma diferença absoluta entre esses dois estados – eu posso muito bem tomar o segundo como o estado de repouso.

O fato empírico de que o princípio de relatividade restrito é válido contradiz abertamente as reflexões propostas acima acerca do fenômeno da propagação da luz, as quais formam a base da teoria do éter. Pois, segundo elas, seria necessário que houvesse um sistema de referência privilegiado (aquele que estivesse em repouso no "éter"), e o valor da velocidade da luz teria de ser dependente do movimento do sistema de referência empregado pelo observador. Surge assim a difícil tarefa de esclarecer e eliminar essa contradição fundamental – e neste ponto a velha e a nova física tomaram caminhos distintos.

Uma primeira possibilidade para explicar o resultado do experimento seria supor que a luz simplesmente não se propaga segundo as leis da propagação de ondas em um meio, mas que o faz como se consistisse de partículas que são expelidas pela fonte de luz. Dessa forma, retornar-se-ia à velha "teoria de emissão" da luz (Newton). O físico suíço Ritz tentou implementar essa hipótese na óptica. Segundo ela, a velocidade de um raio de luz claramente dependeria do movimento da fonte luminosa que o emite: a luz apenas se propagaria em todas as direções com uma mesma velocidade c *no* sistema no qual a fonte de luz está em repouso (o que explicaria o experimento de Michelson). Por outro lado, um observador que se movesse de encontro à fonte de luz com uma velocidade v teria de obter o valor $c + v$ ao medir a velocidade do raio de luz. – Não se conseguiu conciliar essa teoria de Ritz com os fatos conhecidos da óptica, e ela foi definitivamente refutada quando de Sitter, com base em observações de estrelas duplas (algumas das quais se movem com grande velocidade ora se aproximando, ora se afastando da Terra), pôde demonstrar que a velocidade de propagação dos raios de luz é de fato completamente independente do movimento da fonte de onde eles emanam. Assim, todo observador, independentemente de seu próprio estado de movimento e do da fonte de luz, vai sempre encontrar o mesmo valor c para a rapidez da propagação da luz: vigora na natureza o "princípio da invariância da velocidade da luz".

Uma segunda possibilidade para explicar o experimento de Michelson consistiria em supor que a invariância da velocidade da luz é ali apenas aparente, e que a causa dessa ilusão é uma particularidade do comportamento dos corpos que constituem o aparato experimental utilizado. Foi por essa via, portanto mais uma vez com o auxílio de uma nova hipótese física, que H. A. Lorentz e Fitzgerald tentaram solucionar a dificuldade. Eles supuseram que todos os corpos que se movem em relação ao éter sofrem, na direção do movimento, uma diminuição da ordem de $\sqrt{1-q^2/c^2}$ em seu comprimento. Desse modo, o resultado negativo do experimento de Michelson estaria de fato completamente explicado, uma vez que, se a linha entre os espelhos ali empregados encurta espontaneamente tão logo coincida com a direção do movimento da Terra, a luz também precisa de menos tempo para percorrê-la. O tempo de viagem sofrerá um decréscimo exatamente do valor acima mencionado, valor esse que lhe deveria ser acrescentado em comparação com o trajeto orientado perpendicularmente ao movimento da Terra. O efeito do movimento absoluto seria então anulado precisamente pelo efeito dessa "contração de Lorentz". – Com o uso de hipóteses similares, seria também possível explicar o experimento com o condensador de Trouton e Nobel, bem como outros fatos empíricos.

Vê-se que, segundo o ponto de vista retratado, realmente há um movimento absoluto no sentido da física (a saber, em relação a um éter substancial). Uma vez, porém, que não há nenhuma maneira de observar esse éter, são criadas hipóteses especiais a fim de explicar por que ele sempre escapa à detecção. Em outras palavras: segundo essa concepção, o princípio de relatividade *não* vale verdadeiramente, e os físicos precisam explicar, por meio de hipóteses, por que mesmo assim todos os fenômenos naturais de fato ocorrem *como se* ele valesse. Um éter deve realmente existir, mas tal corpo de referência privilegiado não aparece em parte alguma do domínio dos fenômenos naturais.

Contrariamente a essa orientação, eis o que a física moderna nos diz, desde Einstein: uma vez que, na experiência, o princípio de relatividade restrito e o princípio de invariância da velocidade da luz valem de fato, ambos devem ser concebidos como leis *reais* da natureza. Além disso, uma vez que o éter, seja enquanto substância, seja enquanto corpo de referência, insistentemente escapa a todas as nossas investigações, e todos os fenômenos naturais acontecem como se ele não estivesse presente, a palavra éter é aqui destituída de significado físico, e ele, por conseguinte, não existe de fato como um algo "material" no sentido tradicional do termo. Se não for possível conciliar o princípio de relatividade e a não existência do éter com nossas reflexões anteriores sobre a propagação da luz, essas reflexões devem ser revisadas. A grande descoberta de Einstein foi a de que tal revisão era possível, isto é, que aquelas reflexões estavam fundadas em pressupostos não testados acerca das medições do espaço e do tempo, e que precisamos apenas descartá-los para afastar a contradição entre o princípio de relatividade e o princípio de invariância da velocidade da luz.

Se um fenômeno se propaga, em uma direção qualquer, com velocidade c em relação a um sistema de coordenadas K, e se um segundo sistema K' se move em relação a K, na mesma direção, com velocidade q, então é claro que a velocidade de propagação do fenômeno, considerada em K', só será igual a $c - q$ se supusermos que distâncias e tempos são medidos, em ambos os sistemas, segundo os mesmos padrões de medida. Até então, esse pressuposto sempre fora uma espécie de fundamento tácito. Einstein mostrou que ele não é de modo algum óbvio; que, pelo contrário, pode-se com igual razão (na verdade, o sucesso de sua teoria mostra que com ainda maior razão) postular que o valor da velocidade de propagação em ambos os sistemas é igual a c; e ainda que, nesse caso, o comprimento de espaços e tempos têm valores diferentes em sistemas de referência distintos que se movem um em relação ao outro. O comprimento de uma barra ou a duração de um fenômeno não devem ser concebidos como grandezas absolutas, ao modo como a física sempre supôs antes de Einstein, e sim como grandezas dependentes do estado de movimento do sistema de coordenadas no qual elas são medidas. Os métodos de que dispomos para medir distâncias e tempos fornecem, justamente, valores distintos no caso de sistemas que se movem um em relação ao outro. É isso que queremos esclarecer agora.

Para "medirmos", isto é, para compararmos quantitativamente comprimentos e tempos, necessitamos de réguas e relógios. Nossas réguas são corpos "rígidos" cujo tamanho, nós supomos, é independente de seu lugar. Um relógio, por sua vez, não precisa ser para nós, necessariamente, um instrumento mecânico do gênero que conhecemos, pois essa palavra deve designar qualquer configuração física que periodicamente repete exatamente o mesmo fenômeno; por exemplo, oscilações de luz podem servir como relógios (o que aconteceu no experimento de Michelson).

Determinar o ponto no tempo ou a duração de um evento não oferece, em princípio, nenhuma dificuldade, desde que tenhamos, no local do evento, um relógio à disposição. Basta-nos conferir o relógio no instante em que o processo a ser observado começa e fazer o mesmo no instante em que ele cessa. Nossa única pressuposição aqui é que o conceito de "simultaneidade de dois eventos ocorrendo no mesmo lugar" (a saber, a posição dos ponteiros do relógio e o começo daquele processo) tem um conteúdo completamente determinado. Estamos autorizados a fazer essa pressuposição, muito embora não definamos o conceito nem possamos indicar com mais detalhes seu conteúdo, porque ele faz parte daqueles dados últimos que são conhecidos por nós de forma imediata ao serem vivenciados na consciência.

As coisas mudam quando se trata de dois eventos que ocorrem em lugares *diferentes*. Para que possamos compará-los temporalmente, temos que colocar um relógio em cada um desses lugares e fazê-los concordar entre si, vale dizer, regulá-los de maneira tal que eles funcionem sincronicamente, isto é, que exibam, ao "mesmo tempo", a mesma posição de ponteiros. Essa regulação, que equivale ao estabelecimento do conceito de simultaneidade para lugares distintos, exige um procedimento especial. Teremos de optar pelo seguinte procedimento: de um dos relógios – ele se encontra no lugar A –, nós enviamos um sinal de luz para o outro – no lugar B – e fazemos com que ele ali reflita de volta para A. Do momento da emissão até o momento do retorno, digamos que o relógio A tenha avançado dois segundos – este é então o tempo que a luz precisou para percorrer duas vezes o trecho AB. Ora, uma vez que (segundo nosso postulado) a luz se propaga em todas as direções com a mesma velocidade c, ela necessita do mesmo tempo tanto para a ida quanto para a volta, logo de um segundo para cada. Se agora emitirmos um sinal de luz em A às 12 horas em ponto, tendo já combinado com um observador que se encontra em B que ele deve acertar o relógio ali posicionado para as 12 horas e um segundo assim que o sinal chegar, teremos razão em considerar como resolvida a questão do estabelecimento do sincronismo entre os dois relógios. Se houver ainda mais relógios e eu os colocar em conformidade com A da maneira descrita, eles mostrarão estar em conformidade também uns com os outros, quando comparados segundo o mesmo método. A experiência ensina que só não haverá contradição entre as indicações de tempo se dispusermos de sinais cuja propagação não esteja vinculada à matéria, mas que aconteça também no vácuo. A utilização de sinais acústicos no ar, por exemplo, revelaria uma dependência em relação à direção do vento. Já que todo processo (radiação eletromagnética) no vácuo se propaga com a velocidade da luz c, esta grandeza assume uma posição privilegiada na natureza.

Até aqui nós supusemos que os relógios estão em repouso um em relação ao outro e em relação a um corpo de referência fixo K (que pode ser a Terra). Agora pensemos em um corpo de referência K' que se move em relação a K com a velocidade q, indo de A para B (por exemplo, um trem incrivelmente rápido). Os relógios em K' devem estar regulados entre si precisamente da mesma forma que foi descrita para os de K. K' tem o mesmo direito a ser considerado em repouso que K. O que se evidencia quando os observadores em K e K' entram em contato? Um relógio A', em repouso em K', encontra-se na vizinhança imediata do relógio A, em repouso em K, no instante em que ambos os relógios mostram exatamente 12 horas; um outro relógio B', em repouso em K', encontra-se no lugar de B, no mesmo instante que este último relógio, em repouso em K, aponta igualmente 12 horas. Um observador em K dirá, então, que A' e A, e B' e B, coincidem "simultaneamente" (a saber, às 12 horas em ponto). No momento em que os relógios coincidentes A e A' mostram ambos 12 horas, é emitido dali um sinal luminoso. Quando ele chega em B, o relógio ali colocado aponta um segundo após as 12 horas; mas nesse meio-tempo o relógio B', uma vez que ele está fixado ao corpo movente K', afastou-se uma distância q de B e vai se afastar ainda mais um pouco antes que seja alcançado pelo sinal luminoso. Para um observador em repouso em K, portanto, a luz precisa de *mais* de um segundo para ir de A' a B'. Em seguida, ela é refletida em B' e chega em *menos* de um segundo em A', uma vez que, para um observador em K, A' corre de encontro à luz. Este observador vai então julgar que a luz requer mais tempo para percorrer a distância de A' a B' do que a distância de B' a A', já que, no primeiro caso, B' foge ao raio de luz e, no segundo, *A'* vai de encontro a ele. – Um observador em *K'* julga outra coisa. Para ele, que está em repouso em relação a *A'* e *B'*, os tempos que o sinal leva para ir de *A'* a *B'* e depois de *B'* a *A'* são exatamente os mesmos, pois a luz se propaga em relação a seu sistema *K'* com a mesma velocidade c (segundo nosso postulado estabelecido com base no experimento de Michelson).

Chegamos, portanto, ao resultado de que dois processos, os quais possuem a *mesma* duração no sistema *K'*, quando medidos em *K* levam tempos *diferentes*. Logo, cada um dos sistemas utiliza uma medida de tempo diferente e o conceito de duração temporal é relativizado, passando a depender do sistema de referência no qual se fazem as medições. – Segue-se imediatamente disso que o mesmo vale para o conceito de simultaneidade: dois eventos que, considerados a partir de certo sistema, ocorrem simultaneamente, acontecem em tempos diferentes para um observador em outro sistema. Em nosso exemplo, quando *A* e *A'* coincidem em posição, ambos os relógios ali colocados mostram o mesmo tempo que o relógio em *B* quando *B* e *B'* coincidem; no entanto, o relógio *B'*, pertencente a *K'*, tem, nesse lugar, uma *outra* configuração de ponteiros (a saber, *anterior*). Logo, aquelas duas coincidências são simultâneas no sistema *K*; não o são, porém, no sistema *K'*.

Tudo isso, como se vê, é uma consequência necessária da regulação dos relógios, a qual foi realizada com base no princípio de invariância da velocidade da luz e não podia sê-lo de nenhuma outra forma, senão arbitrariamente.

Valores diferentes são também obtidos para os comprimentos dos corpos na direção do movimento, quando estes são medidos a partir de sistemas distintos. Isso pode ser facilmente percebido da seguinte forma. Quando estou em repouso em um sistema *K* e quero medir, digamos, o comprimento de um bastão *AB* que se move em relação a *K*, eu tenho que fazê-lo de uma destas duas formas: ou determino o tempo que o bastão leva para deslizar por sobre um ponto fixo em *K* e multiplico esse tempo pela velocidade do bastão relativamente a *K* (ao fazer isso, obtemos que o comprimento do bastão é dependente da velocidade, por conta da relatividade da duração temporal); ou posso proceder de modo a marcar, em determinado momento, os pontos *P* e *Q* de *K* nos quais naquele momento se encontram as extremidades *A* e *B* do bastão, e então medir o segmento *PQ*. Contudo, uma vez que a simultaneidade é um conceito relativo, se eu considerar a situação a partir de um sistema que se move junto com o bastão, a coincidência de *A* com *P* não será simultânea à de *B* com *Q*; na verdade, no momento do encontro de *A* com *P*, o ponto *B* vai estar, para mim, em um lugar *Q'* um pouco afastado de *Q*, e o segmento *PQ'* será considerado como o verdadeiro comprimento do bastão. Fazendo as contas, o resultado que se obtém é que o comprimento de um bastão, cujo valor em um sistema de referência em repouso com ele é a, recebe o valor $a\sqrt{1 - q^2/c^2}$ em um sistema que se move em relação a ele com a velocidade q. Mas essa é exatamente a contração de Lorentz. Ela agora não aparece mais como o efeito da influência física de um "movimento absoluto", como foi o caso para Lorentz e Fitzgerald, mas simplesmente como consequência de nossos métodos de medição de comprimentos e tempos.

    A questão, frequentemente feita pelo iniciante, a respeito de qual é propriamente o comprimento "real" de um bastão, se ele "realmente" encolhe quando é colocado em movimento, ou se a variação de comprimento é apenas aparente – essa questão sugere uma falsa alternativa. Os diferentes comprimentos distintos, medidos em sistemas que se movem uniformemente um em relação ao outro, convêm todos "realmente" e da mesma forma ao bastão, pois todos esses sistemas têm os mesmos direitos. E não há nisso nenhuma contradição, pois "comprimento" é um conceito relativo. Com efeito, poder-se--ia privilegiar aquele comprimento do bastão que é medido no sistema *no qual ele está em repouso* e *chamá-lo* de "real"; mas está claro que isso seria apenas uma estipulação arbitrária.

Os conceitos "mais lento" e "mais rápido" (não apenas os conceitos "lento" e "rápido") também são relativos, segundo a nova teoria. Pois, se um observador em K vai comparando continuamente o mostrador de um relógio em repouso em K' com o de um que está em repouso em K, que o primeiro acaba de ultrapassar, ele perceberá que o relógio em movimento vai ficando cada vez mais atrasado em relação ao seu próprio relógio. Logo, ele explicará que o relógio em K' anda mais lentamente. Mas exatamente o mesmo ocorre com quem está em K', se ele compara seus relógios com um que está em repouso em K e passa velozmente à sua frente: ele afirmará que os relógios de seu próprio sistema andam mais rápido, e isto com a mesma razão com que o outro fazia a afirmação contrária. Se, por outro lado, um observador compara a posição dos ponteiros de um relógio em repouso junto de si com os relógios de um sistema em movimento que vão sucessivamente passando à sua frente, ele verá que cada um deles *adianta-se* um pouco mais que o anterior. Isso, porém, não contradiz o ritmo mais lento dos relógios em movimento, mas é explicado pelo fato de que, para o observador, eles simplesmente não estão sincronizados, e sim de fato adiantados um em relação ao outro.

A maneira mais fácil de seguir todas essas conexões e inspecionar sua consistência é expressando-as matematicamente. Para isso, necessita-se apenas estabelecer as equações com a ajuda das quais o lugar e o tempo de um evento, relativamente a um sistema, pode ser expresso por meio de grandezas análogas relativas a outro sistema. Se x_1, x_2 e x_3 são, no sistema K, as coordenadas espaciais de um evento que acontece no tempo t, e x'_1, x'_2, x'_3 e t' as grandezas correspondentes relativamente a K', então aquelas equações de transformação (que serão chamadas de "transformação de Lorentz") permitem calcular as grandezas x'_1, x'_2, x'_3 e t', quando são dadas x_1, x_2, x_3 e t, e vice-versa.

Uma vez que a expressão $\sqrt{1-q^2/c^2}$, já mencionada acima, aparece nas equações, estas perderiam seu sentido físico quando a velocidade q fosse maior que c, pois a expressão se tornaria, nesse caso, imaginária. Logo, se a teoria da relatividade está correta, velocidades maiores que a da luz não podem de maneira nenhuma ocorrer na natureza. E de fato elas nunca foram observadas. Já se mencionou mais acima (p. 24) que a grandeza c goza de certo privilégio na natureza; ela desempenha o papel de um limite de velocidade intransponível.

Essas são, em breves traços, as particularidades da cinemática da teoria da relatividade restrita. (Para informações mais detalhadas, ver a literatura citada ao fim deste escrito.) Sua grande importância para a física, é claro, está fundada na eletrodinâmica e na mecânica que correspondem a essa cinemática. Para nossos propósitos, porém, não é necessário que entremos em maiores detalhes sobre esses temas. É mister apenas mencionar um resultado extremamente notável.

Enquanto na física tradicional as proposições de conservação da energia e de conservação da massa apareciam no mesmo nível como duas leis naturais independentes, a teoria da relatividade revela que a segunda proposição não é rigorosamente compatível com a primeira e, por isso, não pode mais ser legitimamente mantida. Eis o que a teoria ensina. Ao se fornecer a um corpo a energia E (medida em um sistema no qual ele esteja em repouso), tudo se passa como se sua massa fosse aumentada na quantidade de E/c^2. Não existe, portanto, para cada corpo, um fator constante m a que conviria o significado de uma massa independente da velocidade. Contudo, se a grandeza E/c^2 deve ser concebida como um acréscimo de massa, isto é, se a energia possui inércia, então é óbvio que não apenas o aumento da massa deve implicar um aumento da energia, mas a própria massa inercial m deve ser vista como fundada em um conteúdo de energia $E = mc^2$ do corpo (e, com efeito, um conteúdo energético extraordinário, pois mc^2 assume um

valor colossal por conta do enorme valor c da velocidade da luz), uma suposição que está perfeitamente de acordo com as pesquisas mais recentes acerca da colossal riqueza energética do interior do átomo. Em vez das duas proposições de conservação, a da massa e a da energia, a física, portanto, agora só reconhece a segunda. A primeira, que anteriormente valia como uma lei fundamental específica da ciência da natureza, é reconduzida ao princípio de energia e simultaneamente reconhecida apenas como aproximadamente válida. Essa validade aproximada resulta do fato de que todos os acréscimos de energia experimentalmente possíveis são, em geral, desprezíveis quando comparados com a enorme energia interna mc^2, de modo que alterações de massa ocorrem de forma imperceptível. Se um corpo se move com a velocidade q, sua energia total é $E = \frac{mc^2}{\sqrt{1-q^2/c^2}}$.
No caso de $q = c$, essa grandeza se tornaria infinita, o que nos faz reconhecer por que uma velocidade maior que c é fisicamente impossível: seria necessária uma energia infinitamente grande para comunicar essa velocidade a um corpo.

Mas o que nos interessa aqui é, sobretudo, que a teoria da relatividade elimina de forma suficientemente radical os conceitos tradicionais de espaço e tempo e abole da física o "éter" concebido como substância. Vimos anteriormente que a existência de tal éter teria o sentido físico de que um determinado sistema de referência (que estivesse em repouso no éter) teria que ser privilegiado em relação a todos os outros, isto é, que as leis naturais teriam de assumir uma forma particular com referência a esse sistema. Uma vez que, segundo a teoria, tal sistema privilegiado não existe, e já que, pelo contrário, todos os sistemas que se encontram em translação uniforme um em relação ao outro são igualmente justificados, a crença em um éter substancial é inconciliável com o princípio de relatividade. Não se pode mais considerar as ondas de luz como modificações de estado de uma *substância* na qual elas se propagam com a velocidade c, pois nesse caso essa substância deveria estar em repouso simultaneamente em todos esses sistemas, o que claramente seria uma contradição. O campo eletromagnético deve antes ser visto como algo independente, que não necessita de um "portador". Uma vez que somos livres para usar as palavras como quisermos, não há nada a objetar se no futuro se vier a usar a palavra éter para designar o vácuo com seus campos eletromagnéticos ou com suas propriedades métricas discutidas mais abaixo. Mas é preciso que se tome todo o cuidado para não entender por ela uma *matéria*, no sentido antigo.

E assim vemos que não apenas os conceitos de espaço e tempo, mas também o de *substância* sofre uma depuração crítica já por meio da teoria da relatividade restrita.

Contudo, é só a teoria *geral* que vai completar a purificação dos conceitos. Por maior que pareça o golpe já desferido pela teoria restrita, a exigência de que *todos* os movimentos, sem exceção, devam ter caráter relativo, de que, portanto, apenas movimentos *recíprocos* de corpos devem entrar nas leis da natureza, conduz a consequências tão audaciosas, produz uma imagem de universo tão nova e tão maravilhosa, que faz as reconfigurações conceituais demandadas pela teoria da relatividade restrita parecerem, em comparação, inofensivas e parciais.

A fim de abrirmos uma porta de acesso cômoda à enorme estrutura conceitual da teoria da relatividade geral, vamos voltar à estaca zero e começar com reflexões bem elementares e questionamentos simples.

3
A relatividade geométrica do espaço

A questão mais fundamental que podemos colocar acerca do tempo e do espaço, formulada ainda de maneira bem popular e provisória, é esta: Espaço e tempo são propriamente algo *real*?

Já na Antiguidade prevalecia entre os filósofos uma estéril controvérsia sobre se o espaço vazio, o κενόν, era algo real ou simplesmente idêntico ao nada. Mesmo hoje em dia, contudo, não é qualquer um, seja essa pessoa cientista, filósofo ou leigo, que arriscará, de pronto, uma resposta afirmativa ou negativa a essa questão capital. É claro que ninguém considera o espaço e o tempo como algo real no mesmo sentido em que são reais a cadeira sobre a qual estou sentado ou o ar que respiro. Eu não posso lidar com o espaço da mesma maneira que lido com objetos materiais ou com a energia, os quais posso transportar de um lugar a outro, utilizar de maneira palpável, comprar e vender. Todos sentem que há aí alguma diferença: espaço e tempo são em algum sentido menos *autossuficientes* que as coisas que neles existem, e os filósofos muitas vezes destacaram essa falta de autossuficiência dizendo que ambos não existem por si, que não se poderia falar de espaço se não houvesse nenhum corpo nele, e que o conceito de tempo igualmente perderia seu sentido se não existissem no mundo processos e alterações. Não obstante, espaço e tempo não são, de forma alguma, mesmo na consciência popular, simplesmente *nada*; há mesmo grandes ramos da técnica cuja única tarefa é superá-los.

Decidir essa questão depende, é claro, do que se entende por "realidade". Embora uma definição geral desse conceito seja algo muito difícil ou até mesmo impossível, o físico está na afortunada posição de poder se dar por satisfeito com uma determinação que lhe permita delimitar seu campo de atuação com toda segurança. "Aquilo que se pode medir, é o que existe." O físico pode utilizar essa proposição de Planck como critério geral e dizer: apenas o que é mensurável possui realidade ou, em uma formulação mais cuidadosa, objetividade física.

E o espaço e o tempo são mensuráveis? A resposta parece patente. O que mais seria mensurável, senão o espaço e o tempo? Caso contrário, para que servem nossas réguas e relógios? Não existe até mesmo uma ciência especial que não lida senão com a medição do espaço sem referência a qualquer corpo, a saber, a geometria métrica?

Mas calma lá! Quem está bem informado sobre o assunto sabe que existe muita controvérsia sobre a natureza dos objetos geométricos. E mesmo que não houvesse, não faz muito tempo que aprendemos a rastrear, justamente em meio aos conceitos fundamentais das ciências, pressupostos ocultos não testados, e assim deveremos pesquisar se também a concepção habitual da geometria como doutrina das propriedades do espaço não é influenciada por certas representações ilegítimas, das quais ela deve ser depurada. De fato, já há muito tempo a crítica epistemológica afirma a necessidade de tal depuração e nela trabalha. Nesse processo, ela já desenvolveu ideias sobre a relatividade de todas as relações espaciais, e podemos ver a concepção do espaço-tempo da teoria einsteiniana como a formulação e aplicação coerente dessas ideias. Destas últimas até a mencionada teoria, há um caminho contínuo no qual o sentido da questão da "realidade" do espaço e do tempo fica cada vez mais claro e que queremos aqui utilizar como porta de entrada às novas ideias.

Comecemos com uma simples reflexão, que quase todos os que meditam sobre tais assuntos já realizaram como um experimento de pensamento e que encontramos descrita, por exemplo, na obra de Helmholtz, mas, de maneira particularmente bela, também na de Poincaré. Imaginemos que todos os corpos do mundo tivessem se agigantado da noite para o dia e suas dimensões fossem aumentadas para cem vezes seu valor original. Meu quarto, que hoje tem 6 m de comprimento, teria amanhã cedo um comprimento de 600 m; eu mesmo seria um Golias de 180 m que, com uma caneta de 15 m de altura, lançaria sobre o papel letras de um metro; de forma análoga, todas as grandezas do universo teriam se alterado, de modo que o novo mundo, embora aumentado em cem vezes, ainda assim seria geometricamente semelhante ao antigo. – O que eu sentiria, Poincaré pergunta, na manhã posterior a uma alteração tão espantosa? Ao que ele responde: eu não teria a menor suspeita dela. Pois, de acordo com nossa suposição, todos os objetos tomaram parte na ampliação em cem vezes, inclusive meu próprio corpo e todas as réguas e instrumentos, de modo que não haveria nenhum meio de estabelecer a modificação imaginada. Eu continuaria a indicar o comprimento de meu quarto como 6 m, uma vez que meu metro poderia ser justaposto seis vezes em seu interior, e assim por diante. Além disso, – o que é o mais importante – toda essa revolução só *existe* para aqueles que, equivocadamente, argumentam como se o espaço fosse absoluto. "Na verdade, dever-se-ia dizer que, uma vez que o espaço é relativo, não ocorreu nenhuma espécie de mudança e que, justamente por isso, não podíamos notar nada de diferente."[1] Ou seja: o universo que imaginamos aumentado

---

2 Poincaré, H., *Science et méthode*, Livro II, Capítulo I. (N.E.)

em cem vezes não é apenas indiscernível do original, mas é simplesmente *o mesmo* universo; não faz sentido falar de uma diferença, porque a grandeza absoluta de um corpo não é algo "real".

Essas discussões de Poincaré precisam ser complementadas para que ganhem força. A ficção de uma completa mudança de tamanho do universo, ou de uma parte dele, está de antemão privada de qualquer sentido preciso enquanto não se pressupuser, ao mesmo tempo, algo a respeito de como as constantes físicas devem se comportar por ocasião dessa deformação. Pois os corpos na natureza não têm apenas uma forma geométrica, mas também, e sobretudo, propriedades físicas, como, por exemplo, massa. Se, depois de um aumento linear do universo em cem vezes, nós inseríssemos na fórmula da atração newtoniana os mesmos números de antes para a massa da Terra e dos objetos encontrados sobre ela, o valor que obteríamos para o peso de um corpo sobre a superfície terrestre seria apenas um décimo de milésimo de seu valor anterior, uma vez que seu peso é inversamente proporcional ao quadrado de sua distância ao centro da Terra. Não seria possível constatar essa mudança de peso e com isso, de forma indireta, o aumento de tamanho absoluto? Poder-se-ia pensar que isso seria possível por meio de observações com um pêndulo, pois este, devido à diminuição do peso e ao aumento de seu comprimento, oscilaria exatamente mil vezes mais lentamente que antes. Mas esse retardamento seria constatável, ele tem realidade física? Mais uma vez, a questão não pode ser respondida enquanto não se disser como se deve comportar a velocidade de rotação da Terra após a deformação, pois é só por meio da comparação com esta que surge uma medida de tempo. Seria inútil tentar observar a diminuição de peso com a ajuda de algo como um dinamômetro, porque para isso seria preciso pressupor fatos especiais sobre o comportamento do coeficiente de elasticidade da mola por ocasião do aumento imaginado.

A ficção de uma deformação meramente geométrica de todos os corpos é, por conseguinte, vazia de conteúdo, ela não tem um significado físico determinado. Ela apenas faria sentido em um universo sem movimento, e neste até mesmo o conceito de constante física não teria significado. Se, uma bela manhã, observássemos um retardamento no ritmo de todos os nossos relógios de pêndulo, nós não poderíamos inferir disso que houve um engrandecimento do universo durante a noite; pelo contrário, esse notável fenômeno seria sempre explicável por meio de outras hipóteses físicas. Inversamente, se eu afirmo que todas as medições lineares ficaram cem vezes mais compridas desde ontem, nenhuma experiência pode me provar o contrário; preciso apenas afirmar, ao mesmo tempo, que todas as massas assumiram um valor cem vezes maior e que a velocidade de rotação da Terra e dos outros processos, em contrapartida, ficou cem vezes mais lenta. É fácil ver, a partir das fórmulas elementares da mecânica newtoniana, que essas pressuposições garantem a obtenção dos mesmos resultados numéricos de antes para todas as grandezas observáveis (ao menos no que diz respeito a efeitos gravitacionais e de inércia). A mudança não tem, então, nenhum sentido físico.

Por meio de reflexões como essas, que podem ser multiplicadas a bel-prazer e em nada extrapolam o solo da mecânica newtoniana, já fica claro que determinações espaço-temporais estão, na realidade, indissociavelmente vinculadas a outras grandezas físicas. E se considerarmos certas grandezas físicas fazendo abstração das outras, então é preciso testar cuidadosamente, na experiência, até que ponto essa abstração pode receber um sentido real.

A condição de que todas as constantes físicas devem, de maneira apropriada, tomar parte na transformação pode ser reconduzida a uma única condição muito simples, como mostra a reflexão a seguir – que, aliás, também será importante mais tarde. O valor de toda grandeza física é um número que é estabelecido por uma *medição*. Por meio de nossos instrumentos físicos, no entanto, todas as determinações de grandeza remetem a medições de comprimento de *distâncias* (isto é, do afastamento de dois pontos materiais); elas são feitas por meio da leitura de uma escala, de um mostrador, e assim por diante. Toda leitura consiste, em princípio, na observação do encontro de dois pontos materiais no mesmo lugar, ao mesmo tempo – por exemplo, um ponteiro coincide, em um determinado tempo, com um ponto determinado de uma escala. Todas as medições têm, portanto, que conduzir ao mesmo resultado (ao mesmo valor numérico para a grandeza medida), tão logo se cuide de fazer com que sempre os mesmos pares de pontos materiais coincidam temporal e espacialmente. – Desse modo, estamos autorizados a formular assim o raciocínio precedente: uma mera deformação espacial do mundo não tem sentido físico. Para que ela o receba, é preciso que também o comportamento *temporal* seja levado em consideração. Nesse caso, porém, é válida a afirmação de que o universo deformado espaço-temporalmente é fisicamente idêntico ao original em todos os aspectos, desde que, depois da transformação, todas as coincidências espaço-temporais entre os pares de pontos sejam as mesmas de antes.

Complementada por essas discussões, as considerações de Poincaré nos ensinam, de forma incontestável, que somos capazes, por meio de certas enormes mudanças geométricas e físicas, de imaginar o mundo convertido em um novo mundo que é simplesmente indistinguível do primeiro e, portanto, completamente idêntico a ele do ponto de vista físico, de modo que tal alteração na realidade não ganharia o significado de um processo real. Nós havíamos considerado, em primeiro lugar, o caso em que o mundo que imaginamos transformado é geometricamente *semelhante* ao original; as conclusões expostas não sofrem a menor alteração, caso essa pressuposição seja descartada. Suponhamos, por exemplo, que as medições de todos os objetos se alongassem ou encolhessem arbitrariamente apenas em uma direção, digamos na direção do eixo da Terra; nesse caso, nós mais uma vez não notaríamos nem sombra dessa transformação (sempre pressupondo uma alteração correspondente e simultânea das constantes físicas), embora a forma dos corpos tivesse se alterado completamente. Esferas se tornariam elipsoides de rotação, cubos teriam se tornado paralelepípedos, talvez até mesmo muito compridos. Se, no entanto, quiséssemos constatar, com a ajuda de uma régua, a alteração do comprimento em relação à diagonal, esse esforço seria em vão, porque, segundo nosso pressuposto, a régua se alongaria ou encurtaria na mesma proporção, tão logo a virássemos na direção do eixo da Terra para realizar a medição. Também não poderíamos perceber diretamente a deformação, quer pela visão, quer pelo tato, pois nosso próprio corpo teria igualmente se deformado, e com ele nossos globos oculares, bem como as superfícies de onda[3] da luz. Novamente deve-se concluir que não há nenhuma diferença "real" entre os dois mundos; a deformação imaginada não pode ser estabelecida por nenhuma medição, ela não possui objetividade física.

Vê-se facilmente que as reflexões apresentadas são ainda passíveis de generalização: podemos, com Helmholtz e Poincaré, imaginar os objetos do universo distorcidos arbitrariamente, em direções quaisquer, sendo que a distorção não precisa ser a mesma para todos os pontos, mas pode variar de lugar para lugar – tão logo pressuponhamos que todos os instrumentos de medição, entre os quais estão nosso corpo com seus órgãos sensíveis, também sofrem, em cada lugar, a deformação e alteração física ali presente, toda a mudança se torna simplesmente inacessível, ela não existe "realmente" para o físico.

---

3 Superfícies de onda são os lugares geométricos de todos os pontos das ondas que se encontram, em um determinado ponto do tempo, no mesmo estado de vibração. (N.E.)

4
A formulação matemática da relatividade espacial

Podemos expressar esse resultado, em linguagem matemática, dizendo o seguinte: dois mundos que podem ser convertidos um no outro por meio de uma transformação ponto a ponto completamente arbitrária (mas contínua e unívoca) são *idênticos* no que diz respeito à sua objetividade física. Isso quer dizer que, se o universo se deformasse de uma maneira qualquer, de modo que os pontos de todos os corpos físicos fossem empurrados para novos lugares, não terá ocorrido com isso (levando em conta as considerações complementares acima) absolutamente nenhuma alteração constatável, "real", caso as coordenadas de um ponto físico no lugar novo sejam também funções quaisquer das coordenadas de seu lugar antigo. É claro que está pressuposto que os pontos de um corpo conservam suas conexões, de modo que aqueles que eram vizinhos antes da deformação, continuam a sê-lo depois dela (isto é, essas funções devem ser contínuas); ademais, cada ponto do mundo original só pode corresponder a *um* ponto do novo mundo, e vice-versa (isto é, as funções devem ser unívocas).

A fim de esclarecer a situação descrita com o auxílio de uma ilustração, pode-se imaginar (abstraindo-se provisoriamente do *tempo*) o espaço dividido em uma porção de cubos por meio de um sistema de três feixes de planos paralelos aos planos de coordenadas. Aqueles pontos do mundo que estão sobre algum desses planos (por exemplo, o teto do quarto) formarão, depois da deformação, uma superfície mais ou menos curva. Por meio do sistema de todas as superfícies desse gênero, o segundo mundo será portanto dividido em células de oito vértices que, em geral, terão todas tamanhos e formatos diferentes. Nesse mundo, contudo, continuaríamos nos referindo àquelas superfícies como "planos", às suas seções curvas como "retas" e às células como cubos, umas vez que não haveria nenhum meio de estabelecer que elas não são "propriamente" isso. Se imaginarmos as superfícies numeradas de forma contínua, cada ponto físico do mundo deformado passa a estar determinado por uma trinca de números, a saber, os números das três superfícies que o atravessam. Nós então podemos utilizar esses números como coordenadas daquele ponto, as quais serão, com toda justiça, chamadas de "coordenadas gaussianas", uma vez que elas têm, para figuras tridimensionais, exatamente o mesmo significado que as coordenadas introduzidas por Gauss à sua época tinham para a investigação de figuras bidimensionais (superfícies). Mais precisamente, ele imaginava uma superfície com uma curvatura qualquer atravessada por dois feixes de curvas que se cruzam e repousam inteiramente sobre ela. Cada ponto sobre a superfície seria determinado como a interseção de duas dessas curvas. – Ora, está claro que os limites superficiais dos corpos, o curso dos raios de luz, todos os movimentos e em geral todas as leis da natureza no mundo deformado serão representados, quando expressos nessas novas coordenadas, por meio das mesmíssimas equações que, no mundo original, com referência ao sistema cartesiano usual, eram utilizadas para os objetos e processos correspondentes, bastando para isso que aquela numeração das superfícies fosse realizada da forma correta. Só haverá diferença entre os dois mundos, como já dissemos, enquanto se cometer o equívoco de supor que, em geral, é possível definir superfícies e linhas no espaço sem levar em conta os corpos nele, ou seja, como se ele fosse dotado de propriedades "absolutas".

Se, no entanto, relacionarmos o novo universo às coordenadas *antigas*, isto é, ao sistema de planos perpendiculares que cortam uns aos outros, *este último* aparece como um sistema de superfícies completamente curvo e distorcido – de maneira oposta –, e as formas geométricas e as leis físicas adquirem uma aparência completamente modificada quando referidos a esse sistema. Em vez de dizer que deformo o mundo de certa maneira, posso muito bem dizer que descrevo o mundo não alterado por meio de novas coordenadas cujo sistema de superfícies está de certa maneira deformado em comparação com o primeiro. Essas duas alternativas são simplesmente uma só coisa, e aquelas deformações imaginadas não significariam nenhuma alteração real do mundo, e sim apenas uma referência a coordenadas diferentes.

Por isso estamos também autorizados a tomar nosso próprio mundo, no qual vivemos, como o deformado e dizer: as superfícies dos corpos (por exemplo, o teto do quarto) que chamamos de planos, não são "propriamente" planos; nossas retas (raios de luz) são "na verdade" linhas curvas; e assim por diante. Podemos supor, sem contradição, por exemplo, que um cubo que transporto para o quarto ao lado muda consideravelmente de forma e tamanho no caminho, só que não nos daríamos conta disso porque nós mesmos, junto com todos os instrumentos de medida e todo o ambiente, sofremos alterações análogas; certas linhas curvas seriam tidas como as "verdadeiras" retas; os ângulos de nosso cubo, os quais designamos como retos, não seriam "verdadeiramente" retos – e não obstante não poderíamos constatar isso, porque a régua com a qual medimos os lados do ângulo teria seu comprimento alterado de forma correspondente quando nós a girássemos para medir o arco desse ângulo. A soma dos ângulos de nosso quadrado não resultaria "na verdade" em quatro ângulos retos – em suma, seria como se utilizássemos uma geometria distinta da euclidiana. Toda essa suposição desaguaria na afirmação de que certas superfícies e linhas que nos parecem curvas são propriamente os verdadeiros planos e retas, e de que nós teríamos que nos servir delas como coordenadas.

Por que nós, de fato, não supomos nada semelhante, embora isso seja teoricamente possível e todas as nossas experiências possam ser assim explicadas? Ora, simplesmente porque essa explicação só poderia ser obtida de uma maneira muito complicada, a saber, apenas por meio da suposição de regularidades físicas extremamente intrincadas. A forma e o comportamento físico de um corpo seria dependente de seu lugar; subtraído à influência de forças exteriores, ele descreveria uma linha curva, e assim por diante. Em suma, nós chegaríamos a uma física extremamente confusa e – eis o principal – que seria completamente arbitrária, uma vez que haveria tantos sistemas de física igualmente complicados quanto quiséssemos e todos estariam justificados, na mesma medida, pela experiência. Em comparação com esses, o sistema usual, utilizando a geometria euclidiana, se distingue por ser o *mais simples*, até onde pudemos avaliar até agora. As linhas que designamos como "retas" desempenham, do ponto de vista físico, um papel especial; elas são, para usarmos a expressão de Poincaré, *mais importantes* que as outras linhas[4]; um sistema de coordenadas que siga essas linhas oferece, assim, as fórmulas mais simples para as leis naturais.

---

4 Cf. Poincaré, H., *La Valeur de la Science*, Primeira Parte, Capítulo III.

5
A inseparabilidade da geometria e da física na experiência

As razões pelas quais se prefere o sistema usual da geometria e da física a todos os outros sistemas possíveis e se o considera como o único "verdadeiro" são exatamente as mesmas que fundamentam a superioridade da visão de mundo copernicana sobre a ptolomaica: a primeira conduz a uma mecânica celeste extraordinariamente mais simples. A formulação das leis dos movimentos planetários, quando referida, à maneira de Ptolomeu, a um sistema de coordenadas rigidamente vinculado à Terra, complica-se a ponto de se tornar incompreensível, ao passo que fica extremamente límpida se tomarmos como base um sistema em repouso relativamente às estrelas fixas.

Vemos assim que a experiência não nos compele de forma alguma a utilizar, para a descrição da natureza física, uma geometria determinada, por exemplo, a euclidiana. Em vez disso, ela nos instrui apenas acerca da geometria que nós temos que empregar se quisermos chegar às fórmulas mais simples para as leis naturais. Do que se segue imediatamente que não faz nenhum sentido falar de uma geometria particular "do espaço", sem levar em conta a física e o comportamento dos corpos naturais, pois, se a experiência só nos conduz à escolha de uma geometria determinada ao mostrar de que maneira o comportamento dos corpos pode ser formulado do modo mais simples, não há sentido em demandar uma decisão quando não se diz uma só palavra sobre os corpos. Poincaré expressou isso de forma concisa na proposição: "O espaço, na realidade, é amorfo; apenas as coisas que nele estão lhe dão uma forma[5]". Quero ainda relembrar algumas observações de Helmholtz, nas quais ele anuncia a mesma verdade. Eis o que ele diz quase no fim de sua conferência sobre a origem e o significado dos axiomas geométricos: "Se achássemos isso útil para um fim qualquer, nós poderíamos, de maneira inteiramente consequente, considerar o espaço em que vivemos como o espaço aparente atrás de um espelho convexo de fundo encurtado e contraído; ou poderíamos considerar uma esfera limitada de nosso espaço, além de cujos limites não recebemos mais nenhuma impressão sensível, como o espaço pseudoesférico infinito. Teríamos então apenas que atribuir, ao mesmo tempo, tanto aos corpos que nos parecem rígidos quanto ao nosso próprio corpo, as expansões e contrações correspondentes; e é claro que, simultaneamente, teríamos que alterar completamente o sistema de nossos princípios mecânicos, pois mesmo a proposição de que todo ponto móvel sobre o qual não age nenhuma força continua a se mover em linha reta sem alteração de velocidade não vai mais valer para a representação do mundo no espelho convexo... Os axiomas geométricos não falam de forma alguma apenas de relações do espaço, mas também, ao mesmo tempo, do comportamento mecânico de nossos corpos rígidos quando estão em movimento[6]".

Desde Riemann e Helmholtz, estamos acostumados a falar de espaços planos, pseudoesféricos e de outros tipos,

---

[5] Poincaré, H., *Science et méthode*, Livro II, Capítulo I.
[6] Helmholtz, H. von, "Über der Ursprung und die Bedeutung der geometrischen Axiome", in *Schriften zur Erkenntnistheorie*.

e de observações que deveriam decidir de qual dessas classes nosso espaço "real" faz parte. Agora sabemos como esse modo de falar deve ser entendido: a saber, *não* como se aqueles predicados pudessem ser atribuídos ao espaço sem levar em consideração os objetos em seu interior, e sim no sentido de que a experiência nos instrui apenas sobre se é mais prático usar uma geometria euclidiana ou não euclidiana na descrição da natureza física. É claro que tanto Helmholtz como Riemann tinham completa clareza sobre essa situação, mas os resultados desses dois pesquisadores foram tão frequentemente objeto de formulações ambíguas que chegaram ocasionalmente até mesmo a reforçar a crença em um espaço absoluto como algo a que convém, por si mesmo, determinada forma dada na experiência. É preciso se precaver com cuidado contra a suposição de que o espaço, nesse sentido, possui uma "realidade física". – É sabido que Gauß tentou, por meio de medições com a ajuda de teodolitos, estabelecer se em um triângulo muito grande a soma dos ângulos internos é igual ou não a dois ângulos retos. Ele assim mediu os ângulos que três raios de luz formavam uns com os outros em três pontos fixos (Brocken, Hoher Hagen, Inselsberg). Se o resultado tivesse divergido de dois ângulos retos, poder-se-ia *ou* supor os raios de luz como curvos e assim conservar a geometria euclidiana, *ou* continuar caracterizando o caminho de um raio de luz como uma reta, embora nesse caso fosse necessário introduzir uma geometria não euclidiana. Logo, não é verdade que a experiência pudesse eventualmente nos *revelar* uma "estrutura não euclidiana do espaço", isto é, que ela pudesse nos forçar a aceitar a segunda das suposições possíveis. Por outro lado, mesmo Poincaré não tem razão quando em certo lugar diz que os físicos, de fato, sempre escolherão a primeira possibilidade.[7] Pois ninguém podia antecipar se em algum momento não se tornaria necessário apartar-se

---

7 Cf. Poincaré, H., *La Science et l'Hypothèse*, Segunda Parte, Capítulo V.

das determinações métricas euclidianas para poder descrever da maneira mais simples o comportamento físico dos corpos.

A única coisa que podia ser dita ali era que nunca haveria ocasião para abandonar, em grau *considerável*, a geometria euclidiana, pois do contrário nossas observações, em particular as astronômicas, já há muito tempo deveriam ter chamado nossa atenção para isso. Até hoje, no entanto, tomando como base a geometria euclidiana, obteve-se esplêndido sucesso em alcançar princípios físicos simples. Disso se segue que ela sempre permanecerá apropriada ao menos para uma representação aproximada. Desse modo, caso a adequação da física a seus objetivos nos incline ao abandono das determinações métricas euclidianas, as divergências serão apenas tênues e só aparecerão nos limites do que pode ser observado. Grandes ou pequenas, no entanto, seu significado é em princípio exatamente o mesmo.

Esse caso, até então apenas uma possibilidade teórica, acaba de entrar em cena. Einstein mostrou que é de fato preciso empregar relações não euclidianas para representar configurações espaciais na física, a fim de poder preservar aquela enorme simplificação de princípios na concepção da natureza que hoje se apresenta na forma da teoria da relatividade *geral*. Voltaremos a isso daqui a pouco. Por enquanto, retenhamos o resultado de que o espaço nunca possui alguma estrutura por si mesmo. Sua constituição própria não é nem euclidiana nem não euclidiana, assim como não é próprio de uma distância que ela seja medida em quilômetros, e não em milhas. Assim como uma distância só recebe um comprimento específico quando escolho uma medida como unidade e, além disso, estabeleço de forma precisa as condições da medição, a aplicação de uma geometria particular à realidade só se torna possível quando são fixados certos pontos de vista segundo os quais as relações espaciais devem ser abstraídas das relações físicas. Toda medição de distâncias espaciais acontece, em última instância, por meio da justaposição de corpos; para que tal comparação de corpos torne-se uma *medição*, é preciso, antes de mais nada, que se a *interprete* segundo certos princípios (é preciso supor, por exemplo, que certos corpos devem ser considerados como rígidos, ou seja, que podem ser transportados sem que sua forma se altere).

Considerações bem semelhantes às feitas sobre o espaço podem ser aplicadas, *mutatis mutandis*, ao tempo. A experiência não pode nos forçar a adotar, como base para a descrição da natureza, determinada medida e ritmo para o curso do tempo; ao contrário, nós escolhemos aqueles que possibilitam a mais simples formulação das leis. Todas as determinações temporais estão ligadas a processos físicos de forma tão indissociável quanto as determinações espaciais aos corpos físicos. A observação de um processo físico qualquer com vistas a medi-lo, como por exemplo a da propagação da luz de um lugar a outro, inclui a leitura de relógios e pressupõe, por conseguinte, um método para a regulação de relógios em localizações distintas; sem tal método os conceitos de simultaneidade e de mesma duração não têm um sentido determinado. Essas são coisas, no entanto, para as quais já chamamos a atenção acima quando discutimos a teoria restrita. Todas as medições de tempo acontecem por meio da comparação de dois processos, e para que tal comparação venha a significar uma medição, é preciso que se pressuponha uma convenção, um princípio, cuja escolha, por sua vez, é determinada pela busca da formulação mais simples possível das leis naturais.

Vemos assim que o espaço e o tempo só são separáveis das coisas e processos físicos em uma abstração. *Real* é apenas a reunião, a unidade entre espaço, tempo e coisas; cada um destes, por si mesmo, é um abstrato. Ao realizar uma abstração, é preciso que sempre se pergunte se ela tem um significado científico, isto é, se os elementos que a abstração separa são, também factualmente, independentes uns dos outros.

6 A relatividade dos movimentos e sua relação com a inércia e a gravitação

Se essa última verdade nunca tivesse sido perdido de vista, a famosa e continuamente renovada controvérsia acerca da existência do chamado *movimento absoluto* teria assumido uma nova cara desde o início. Pois o conceito de movimento só tem um sentido real primeiramente na dinâmica, como mudança de lugar dos corpos materiais com o tempo; a assim chamada cinemática pura (à época de Kant chamada de "foronomia") surge a partir da dinâmica por abstração da *massa*, sendo assim a doutrina da alteração temporal de lugar de pontos meramente matemáticos. Somente a experiência é capaz de decidir até que ponto esse constructo abstrato pode servir para a descrição da natureza. Antes de Einstein, os opositores do movimento absoluto sempre argumentavam basicamente desta maneira: uma vez que toda determinação de lugar é definida para um sistema de referência particular, o próprio conceito dessa determinação faz com que ela seja sempre relativa, assim como toda mudança de lugar; consequentemente, só existe movimento relativo, isto é, não pode haver um sistema de referência privilegiado; e porque o conceito de repouso é relativo, eu tenho de poder considerar todo e qualquer sistema de referência como em repouso.

Esse método de prova perde de vista, porém, que a definição do movimento como *mudança de lugar pura e simples* diz respeito apenas ao movimento no sentido da cinemática. Para movimentos reais, isto é, para a mecânica ou a dinâmica, essa conclusão não precisa ser forçosa; é só a experiência que deve mostrar se ela está justificada. Do ponto de vista puramente cinemático, é claro que é o mesmo dizer que a Terra está em rotação ou que o céu estrelado gira em torno da Terra; disso não se segue, contudo, que essas duas situações devam ser indiscerníveis do ponto de vista dinâmico. Sabe-se que Newton supôs o contrário. Ele acreditava – aparentemente em ótimo acordo com a experiência – que se poderia distinguir um corpo em rotação de outro em repouso por meio das forças centrífugas (abaulamento). O repouso absoluto (sem levar em conta a translação uniforme) seria então *definido* justamente pela ausência de forças centrífugas. Na realidade como a experienciamos, toda mudança acelerada de lugar está ligada ao aparecimento de resistências inerciais (por exemplo, de forças centrífugas), e é arbitrário explicar um desses dois momentos – os quais fazem parte na mesma medida do movimento físico, e são separáveis apenas por abstração – como a causa do outro, a saber, tomar as resistências inerciais como *efeito* da aceleração. Não se pode provar, portanto, a partir do mero conceito de movimento (como as discussões de Mach poderiam fazer acreditar), que não pode haver um sistema de referência privilegiado, isto é, que não pode haver movimento absoluto; ao contrário, essa decisão deve ficar reservada à observação.

Newton estava manifestamente equivocado em acreditar que a observação já *tinha* decidido a questão ao revelar que, embora os movimentos retilíneos uniformes fossem de fato relativos (isto é, as leis da dinâmica são exatamente as mesmas para dois sistemas de referência que se movem um em relação ao outro de forma retilínea e uniforme), o mesmo não valia, por outro lado, para os movimentos acelerados (por exemplo, os de rotação). Todas as acelerações teriam assim caráter absoluto, e certos sistemas de referência seriam privilegiados porque só neles é válida a lei da inércia. Por isso eles se chamam sistemas inerciais. Segundo Newton, portanto, um sistema inercial seria definido e reconhecido pelo fato de que, nele, um corpo sobre o qual não age nenhuma força se move de maneira retilínea e uniforme (ou fica em repouso), ou seja, pelo fato de que só não aparecerão forças centrífugas (um abaulamento) em um corpo caso ele não esteja em rotação em relação ao sistema inercial. Como já dissemos, Newton se equivocou ao tornar essas posições o fundamento da mecânica, pois na verdade elas *não* estão suficientemente fundadas na experiência. Nenhuma observação, de fato, nos mostra um corpo sobre o qual não age nenhuma força, e não dispomos de experiências (Mach insistiu nisso com razão) que nos mostrem se um corpo em repouso em um sistema inercial não exibe talvez forças centrífugas – por exemplo quando uma massa extraordinariamente grande estivesse em rotação perto dele –, ou seja, se tais forças, portanto, não são talvez apenas peculiaridades da rotação *relativa*.

A situação era, de fato, a seguinte: por um lado, as experiências conhecidas não bastavam para demonstrar a correção da suposição newtoniana de que existem acelerações absolutas (isto é, sistemas de referência privilegiados); por outro lado, como acabamos de mostrar, os argumentos gerais (por exemplo, o de Mach) em favor da relatividade de todas as acelerações não eram absolutamente conclusivos. Do ponto de vista da experiência, portanto, ambas as posições tinham que ser temporariamente admitidas como possíveis. Considerada, porém, do ponto de vista da teoria do conhecimento, é claro que a posição que nega a existência de sistemas de referência privilegiados e, consequentemente, sustenta a relatividade de *todos* os movimentos é muito mais atrativa e tem imensas vantagens sobre a newtoniana, uma vez que sua possível implementação significaria uma extraordinária simplificação da imagem de universo. Seria extremamente satisfatório se pudéssemos dizer que não apenas os movimentos uniformes, mas absolutamente todos os movimentos são relativos. Nesse caso, os conceitos cinemático e dinâmico de movimento realmente coincidiriam, e para estabelecer o caráter de um movimento bastariam observações puramente cinemáticas, não havendo necessidade de ainda lhes acrescentar dados sobre resistências inerciais (forças centrífugas), como é o caso em Newton. Uma mecânica construída sobre movimentos relativos forneceria, assim, uma imagem de universo muito mais coesa e completa que a mecânica newtoniana. Não se poderia afirmar *a priori* que essa imagem é a única correta, mas ela se recomendaria (como Einstein destaca) de antemão pela sua imponente simplicidade e acabamento.

Há ainda mais. Já indicamos acima (p.36) que toda medição e, consequentemente, o estabelecimento de todos os fatos e leis físicas depende da observação de encontros entre pontos materiais; que, portanto, todas as observações físicas realmente se referem apenas *a dados cinemáticos* e não podem ter nada além disso como objeto. Dessa forma, movimentos absolutos, os quais seriam necessários para a separação dos conceitos dinâmico e cinemático de movimento, nunca são observados como tais. Caso ainda assim a mecânica tenha que introduzi-los, ela estará com isso introduzindo na explicação da natureza uma causa inacessível à observação (a saber, o espaço absoluto, ou ainda o movimento em relação a ele) e renunciando a conceber as leis naturais como relações de dependência entre fatos pura e simplesmente observados. Nesse sentido, Einstein podia dizer com razão que a mecânica newtoniana satisfazia apenas em aparência à exigência da causalidade. Com efeito, pode-se muito bem estabelecer e medir as acelerações que Newton considerava como absolutas, uma vez que elas são – de forma puramente casual, do ponto de vista newtoniano

–, ao mesmo tempo, acelerações em relação ao sistema das estrelas fixas. Mas a razão pela qual exatamente esse sistema deve servir como sistema de referência, pela qual, portanto, exatamente aquelas acelerações são absolutas, é algo que simplesmente escapa à observação. É claro, porém, que foi a própria *experiência* que fez com que Newton se acreditasse obrigado a introduzir uma causa que não faz parte da experiência.

Até Einstein, no entanto, a ideia de uma mecânica fundada tão somente em movimentos relativos sempre havia sido apenas uma exigência, uma meta tentadora. Uma mecânica dessa espécie nunca havia sido edificada e nem mesmo fora apontada uma via de acesso a ela. Não se podia saber se, e sob que pressupostos, era sequer possível torná-la compatível com os fatos da experiência. Na verdade, a ciência parecia até mesmo ter que progredir na direção contrária; pois, enquanto na mecânica clássica todos os sistemas que se moviam retilínea e uniformemente em relação a um sistema inercial eram igualmente sistemas inerciais (de modo que ao menos todos os movimentos de translação uniformes mantinham um caráter relativo), isso não parecia mais valer para os fenômenos eletromagnéticos e ópticos: na eletrodinâmica de Lorentz, havia apenas um único sistema de referência privilegiado (aquele que está "em repouso no éter"). Só depois de Einstein ter conseguido estender o princípio restrito de relatividade, já válido na antiga mecânica, para toda a física, é que se tornou possível retomar, sobre o solo assim preparado, a ideia da relatividade completamente geral de todo e qualquer movimento, e foi Einstein, mais uma vez, que a tornou realmente utilizável. Ele como que transplantou essa ideia das regiões da teoria do conhecimento para o solo da física e com isso a colocou pela primeira vez ao alcance de nossas mãos.

Einstein reforçou as razões epistemológicas, por mais ponderosas que estas pudessem ser, sobretudo com o argumento físico de que, de fato, todos os movimentos na realidade têm muito provavelmente caráter relativo. Esse argumento físico se apoia na igualdade entre as massas inercial e gravitacional. Podemos ilustrá-lo da seguinte maneira. Supondo que todas as acelerações sejam relativas, neste caso todas as forças centrífugas ou eventuais resistências inerciais que observamos estão fundadas no movimento relativo de outros corpos; consequentemente, temos que procurar a causa das resistências inerciais na presença desses outros corpos. Se, por exemplo, não houvesse nenhum outro corpo celeste além da Terra, não se poderia falar de uma rotação terrestre e o planeta não poderia ser achatado. As forças centrífugas, por meio das quais seu achatamento de fato aconteceu, só existem graças a um *efeito* dos corpos celestes sobre a Terra. Mas a mecânica clássica de fato conhece um efeito que todos os corpos exercem uns sobre os outros: esta é a *gravitação*. A experiência fornece qualquer indício de que talvez essa gravitação possa ser tida como responsável pelos efeitos inerciais? Um indício desse gênero e, com efeito, extremamente notável, de fato está disponível: é a circunstância de que, para um corpo particular qualquer, uma e a mesma constante é determinante tanto para os efeitos inerciais quanto para os gravitacionais; ela é chamada, como se sabe, de *massa*. Se, por exemplo, um corpo descreve uma trajetória circular em relação a um sistema inercial, a mecânica clássica nos diz que a força central necessária para tanto é proporcional a um fator m característico do corpo em questão; mas, se o corpo é atraído por outro (pela Terra, por exemplo) em virtude da gravitação, a força que age sobre ele (por exemplo, seu peso) é proporcional ao mesmo fator m. A base disso está no fato de que, em um mesmo lugar do campo gravitacional, todos os corpos, sem exceção, sofrem a *mesma* aceleração, uma vez que a massa m do corpo é cancelada, pois ela ocorre como constante de proporcionalidade tanto na expressão da resistência inercial quanto na da atração.

Einstein deu uma clareza sem precedentes à conexão entre gravitação e inércia por meio da seguinte consideração. Se, em algum lugar do mundo, um físico que se encontra dentro de uma caixa fechada observasse que todos os objetos ali abandonados adquirem uma determinada aceleração – talvez sempre caindo com aceleração constante para o chão da caixa –, ele poderia explicar esse fenômeno de duas maneiras: ele poderia, primeiro, supor que sua caixa está em repouso sobre um corpo celeste e a queda dos objetos remete à ação da gravidade do mesmo; em segundo lugar, ele poderia supor que a caixa se move para "cima" com aceleração constante, e nesse caso o comportamento dos objetos "em queda" seria explicado por meio de sua inércia. Ambas as explicações são perfeita e igualmente possíveis, e o físico na caixa não tem nenhum meio de se decidir entre elas. Se supusermos que todas as acelerações são relativas, que, portanto, inexiste *por princípio* um meio de decisão, é possível generalizar isso: em cada ponto do universo, pode-se tomar a aceleração observada de um corpo ali abandonado ou como efeito da inércia ou como efeito da gravidade, isto é, pode-se dizer ou "o sistema de referência a partir do qual observo o fenômeno está acelerado", ou "o fenômeno acontece em um campo gravitacional". Acompanhamos Einstein e designamos a equivalência entre as duas concepções como o *princípio de equivalência*. Ele encontra sua base, como já dissemos, na identidade entre massa inercial e massa gravitacional.

Essa circunstância da identidade entre os dois fatores é muito impressionante, e tão logo se ganhe clareza sobre ela torna-se impossível não se espantar com o fato de que, antes de Einstein, ninguém havia pensado em estabelecer um vínculo estreito entre gravidade e inércia. Se algo análogo tivesse sido observado em outro domínio, se, por exemplo, tivesse sido descoberto um efeito qualquer proporcional à quantidade de eletricidade presente em um corpo, desde o início teria sido estabelecida uma conexão entre esse efeito e o restante dos fenômenos elétricos; as forças elétricas e o novo efeito imaginado passariam a ser concebidos como manifestações distintas de um mesmo conjunto de leis. Na mecânica clássica, contudo, não foi estabelecida a menor relação entre os fenômenos inerciais e gravitacionais. Eles não são agrupados em um único conjunto de leis, mas aparecem uns ao lado dos outros, totalmente desvinculados. Para Newton, o fato de que neles um e o mesmo fator – a massa – desempenha um papel é puramente casual. Isso é realmente obra do acaso? Dificilmente haveria algo mais improvável.

A identidade entre as massas inercial e gravitacional é, portanto, o verdadeiro dado de experiência que nos dá o direito de formular a suposição – ou a afirmação – de que os efeitos inerciais que observamos em um corpo devem ser atribuídos à influência que ele sofre de outros corpos. (É claro que a influência, de acordo com as concepções modernas, não é tomada como uma ação a distância, e sim como algo mediado por um campo.)

Aquela afirmação tem como significado a exigência de uma relatividade irrestrita dos movimentos, pois, uma vez que todos os fenômenos devem depender apenas da posição e movimento *recíprocos* dos corpos, a referência a algum sistema de coordenadas especial desaparece. A expressão das leis naturais em relação a um sistema de coordenadas em repouso em um corpo qualquer (no sol, por exemplo) deve ser a mesma que em relação a um sistema em repouso em qualquer outro corpo (em um carrossel sobre a Terra, por exemplo); deve ser possível considerar a ambos, com o mesmo direito, como "em repouso". A mecânica newtoniana tinha que referir suas leis a um sistema bem particular (um sistema inercial) que era independente das posições recíprocas dos corpos, pois a lei de inércia valia apenas para esse sistema. Na nova mecânica, por outro lado, onde os efeitos inerciais e gravitacionais têm que ser tomados como expressão de uma única lei fundamental, não apenas os fenômenos da gravidade, mas também os da inércia devem depender exclusivamente da posição e do movimento dos corpos relativamente uns aos outros. Desse modo, a expressão dessa lei fundamental deve ser de tal natureza que, por meio dela, nenhum sistema de coordenadas apareça como privilegiado frente aos outros; pelo contrário, sua validade deve manter-se inalterada para todo e qualquer sistema. Está claro que a antiga mecânica newtoniana só pode significar uma primeira aproximação à nova mecânica, uma vez que esta última exige, em contraste com a primeira, que, por exemplo, acelerações centrífugas devam aparecer em um corpo caso grandes massas estejam em rotação ao seu redor; a incompatibilidade entre a antiga mecânica e a nova não vem à luz nesse caso particular porque tais forças, mesmo para as maiores massas que se podem utilizar em um experimento, são ainda tão pequenas que escapam à observação.

Einstein realmente conseguiu enunciar uma lei fundamental que abarca igualmente fenômenos inerciais e gravitacionais. Nós agora estamos quase suficientemente preparados para visualizar com clareza o caminho que o levou até esse ponto.

7 O postulado geral da relatividade e as determinações métricas do contínuo espaço-tempo

Nos últimos capítulos, a ideia de relatividade que rastreamos no pensamento físico dizia respeito unicamente aos movimentos. Se esses são realmente relativos, sem exceção, então sistemas de coordenadas que se movimentem uns em relação aos outros de forma completamente arbitrária estão igualmente justificados, e o espaço perde sua objetividade na medida em que não é possível definir qualquer movimento ou aceleração por referência a ele. Contudo, ele ainda manterá certa objetividade, desde que continue a ser tacitamente pensado como dotado de propriedades métricas bem determinadas. Na velha física, todo procedimento de medição estava diretamente fundado na ideia de uma barra rígida que sempre possuía o mesmo comprimento, não importando o lugar, a posição ou o ambiente em que ela se encontrasse; seguindo essa ideia, todas as medidas eram feitas de acordo com o que prescrevia a geometria euclidiana. Nesse respeito, nada se alterou com a nova física, edificada sobre a teoria da relatividade restrita, desde que se garantisse o pressuposto de que as medições eram todas realizadas no interior de um mesmo sistema de referência, com uma régua sempre repouso em seu interior. Com isso, ainda era possível ao espaço manter, à maneira de uma propriedade autônoma, uma "estrutura euclidiana", pois o resultado daquelas determinações métricas era pensado de forma completamente independente das condições físicas vigentes no espaço, por exemplo, da distribuição dos corpos e seus campos gravitacionais. Ora, nós vimos que é sempre possível estabelecer as relações de posição e grandeza entre os corpos e processos segundo os preceitos euclidianos usuais, usando, por exemplo, coordenadas cartesianas. Para isso, basta que se introduza a formulação correspondente das leis físicas. Agora, contudo, há um aspecto que limita de antemão a formulação da física a ser escolhida, pois a tarefa a que nos propusemos consiste em determiná-las, se possível, de forma a que o postulado da relatividade geral seja satisfeito. E não é nada óbvio que consigamos *respeitar essa condição* utilizando a geometria euclidiana. Se levarmos em conta a revelação de que mesmo o postulado da relatividade restrita só pode ser satisfeito caso se modifique o conceito de tempo até hoje sempre pressuposto, pode muito bem acontecer que o princípio de relatividade generalizado nos obrigue a nos afastarmos da geometria euclidiana habitual.

Einstein chegou ao resultado de que é isso que devemos fazer por meio da consideração de um exemplo bem simples. Se tomarmos dois sistemas de coordenadas em rotação um em relação ao outro e supusermos que, em um deles – chamemo-lo de K –, as relações de posição dos corpos em repouso em seu interior são determináveis por meio da geometria euclidiana (ao menos em certa região), então isso certamente não será possível para o segundo sistema K'. Percebe-se isso, facilmente, da seguinte maneira. A origem das coordenadas e o eixo z são comuns a ambos os sistemas, que estão em rotação um relativamente ao outro em torno desse eixo. Imaginemos um círculo traçado em torno da origem das coordenadas no plano x-y; nesse caso, por conta da simetria, ele também será um círculo em K'. Se a geometria euclidiana vale em K, nesse sistema a relação entre a circunferência e o diâmetro será igual a π. Contudo, se a mesma relação for estabelecida por meio de medições realizadas com réguas que estão em repouso em K', o resultado será um valor maior que π. Pois, se imaginarmos a medição sendo avaliada a partir de K', o comprimento da régua ao medirmos o diâmetro é o mesmo que ela tem quando está em repouso em K; ao medirmos a circunferência, porém, ela é encurtada por conta da contração de Lorentz. Assim, a razão entre essas duas medidas aumenta, e a geometria em K' é não euclidiana. Os efeitos inerciais centrífugos que aparecem em K' podem, contudo, ser concebidos, ponto a ponto e de acordo com o princípio de equivalência, como efeitos gravitacionais. Donde se segue que a existência de um campo gravitacional exige a utilização de determinações métricas não euclidianas. A rigor, não existe nenhum domínio finito que esteja isento de efeitos gravitacionais, de modo que, se quisermos preservar o postulado da relatividade geral na física, teremos que abrir mão de descrever as medições e relações de posições dos corpos com o auxílio de métodos euclidianos. Mas não é como se outra geometria particular, talvez a de Lobatschewsky ou a riemanniana, viesse substituir a geometria euclidiana e passasse a valer para todo o espaço (cf. abaixo, Capítulo 9). Pelo contrário, determinações métricas as mais diferentes devem ser utilizadas e, em geral, uma diferente para cada local; quais sejam elas, dependerá do campo gravitacional daquele lugar. Essa ideia não encerra a menor dificuldade, uma vez que, mais acima, nós já nos convencemos de forma detalhada de que só as coisas no espaço é que dão a este uma estrutura determinada, uma constituição, e agora chegamos apenas ao resultado – logo veremos isso – de que esse papel deve ser atribuído justamente às massas pesadas, vale dizer, a seus campos gravitacionais. Em um campo gravitacional, torna-se impossível definir e medir comprimentos e (o que é igualmente fácil de mostrar) tempos daquela maneira simples que descrevemos no Capítulo 2, com o auxílio de relógios e réguas. Uma vez que campos gravitacionais estão por toda parte, a teoria da relatividade restrita nunca vale estritamente; a velocidade da luz, por exemplo, não é, na verdade, absolutamente constante. Mas seria um grande equívoco dizer que a teoria restrita é denunciada como falsa e rechaçada pela teoria geral. Na verdade, aquela foi apenas absorvida por esta; ela representa a forma particular que a teoria geral assume quando efeitos gravitacionais não desempenham nenhum papel.

Da teoria da relatividade geral segue-se, portanto, que é de todo impossível atribuir qualquer propriedade ao espaço sem levar em conta as coisas nele. Agora, também na física, a relativização do espaço se realizou de forma completa, por um caminho que as considerações mais gerais que tecemos acima nos fizeram reconhecer como o único natural. O espaço e o tempo nunca são, por si mesmos, objetos de medição. Eles formam juntos um esquema quadridimensional, no qual ordenamos os objetos e processos físicos com o auxílio de nossas observações e medições. Escolhemos o esquema (e podemos fazê-lo, pois se trata de uma estrutura de abstração) de modo a que o sistema da física resultante assuma a estrutura mais simples possível.

Como acontece essa ordenação de objetos e processos? O que, afinal, observamos e medimos?

Já vimos anteriormente que o fundamento de toda observação exata está em manter em vista precisamente os mesmos pontos físicos em diferentes tempos e em diferentes lugares, e que toda medição se resume à constatação da coincidência, no mesmo lugar e ao mesmo tempo, de dois desses pontos que fixamos. A regulagem e a leitura de todo instrumento de medição, não importando de que tipo ele seja – se funciona com ponteiros e escalas, partições de ângulo, níveis, colunas de mercúrio, ou de qualquer outro modo –, é sempre feito pela observação da coincidência espaço-temporal de dois ou mais pontos. Isso vale, sobretudo, para todos os aparatos de medição do tempo que são os conhecidos *relógios*. A rigor, tais coincidências são a única coisa que pode ser observada, e toda a física pode ser concebida como uma súmula das leis que regem a ocorrência de coincidências espaço-temporais. Tudo que em nossa imagem de universo *não* pode ser reconduzido a coincidências dessa espécie é destituído de objetividade física e pode muito bem ser substituído por algo diferente. Todas as imagens de universo que concordam acerca das leis dessas coincidências de pontos são absolutamente equivalentes do ponto de vista físico. Vimos anteriormente que, se imaginarmos todo o mundo deformado de uma maneira completamente arbitrária, isso não significará uma mudança fisicamente real e observável desde que, *depois* da deformação, as coordenadas de cada um dos pontos físicos sejam funções contínuas, unívocas, de resto porém totalmente arbitrárias, de suas coordenadas *antes* da deformação (e as "constantes" físicas exibam um comportamento correspondente). Dada uma transformação ponto a ponto dessa espécie, todas as coincidências espaciais permanecem, de fato, as mesmas. Elas não são modificadas pela distorção, por maiores que sejam as alterações causadas em todas as distâncias e posições. Se dois pontos coincidentes – isto é, infinitamente próximos – A e B encontram-se, antes da deformação, em um lugar cujas coordenadas são x_1, x_2 e x_3, e A é levado pela deformação ao lugar x'_1, x'_2, x'_3, então é preciso, dado o pressuposto de que os x' são funções contínuas e unívocas dos x, que também B, depois da distorção, tenha as coordenadas x'_1, x'_2, x'_3, e assim se encontre no mesmo lugar de A, isto é, em sua vizinhança imediata. Consequentemente, todas as coincidências conservam-se imperturbadas pela deformação.

Com o propósito de torná-las mais intuitivas, nossas considerações anteriores foram primeiramente limitadas ao espaço. Agora nos é possível generalizá-las, bastando para isso que imaginemos o acréscimo do tempo t como quarta coordenada. Melhor ainda, escolhemos como quarta coordenada o produto $ct = x_4$, no qual c significa a velocidade da luz. Estas são estipulações que facilitam a formulação e o cálculo matemáticos, e portanto têm primeiramente um significado puramente formal. Por conseguinte, seria um equívoco querer associar quaisquer especulações metafísicas à introdução do ponto de vista quadridimensional.

É possível perceber, mesmo de forma independente da formulação matemática, a utilidade de conceber o tempo como quarta coordenada, e reconhecer a justificação intrínseca desse modo de representação. A título de ilustração, imaginemos que um ponto se movimente de uma forma qualquer em um plano, que escolhemos como o plano x_1x_2; ele descreve nesse plano, portanto, uma curva qualquer. A consideração do desenho dessa curva, embora nos permita extrair o formato de sua trajetória, não nos permitirá fazer a leitura dos dados restantes do movimento, como a velocidade que o ponto tem em diferentes lugares de sua trajetória e o tempo em que ele se encontra nesses lugares. Se adicionarmos, porém, x_4 como terceira coordenada, o mesmo movimento será representado por uma curva tridimensional cujo formato nos fornece informações completas sobre o caráter do movimento, uma vez que ela nos permite reconhecer imediatamente qual x_4 pertence a qual lugar x_1, x_2 do trajeto, qualquer que seja; além disso, a velocidade também pode sempre ser lida a partir da inclinação curva em relação ao plano x_1x_2. Seguimos Minkowski ao chamar essa curva de *linha-de-universo* do ponto. Um movimento circular no plano x_1x_2, por exemplo, resultaria em uma linha-de-universo helicoidal na variedade $x_1x_2x_4$. A curva espacial do ponto expressa, como que arbitrariamente, apenas uma faceta do movimento, a saber, a projeção da linha-de-universo tridimensional sobre o plano x_1x_2. Agora, se o movimento do ponto acontece já no próprio espaço tridimensional, obteremos como sua linha-de-universo uma curva na variedade quadridimensional $x_1x_2x_3x_4$.

Com essa linha, poderemos estudar de forma extremamente cômoda todas as propriedades do movimento do ponto. A curva realizada pelo ponto no espaço é a projeção da linha-de-universo sobre a variedade dos x_1, x_2 e x_3; ela representa, portanto, de modo arbitrário e unilateral, apenas algumas propriedades do movimento, ao passo que a linha-de-universo expressa *todas* elas, completamente. A linha-de-universo é assim um invariante, ao passo que suas projeções no espaço e no tempo dependem da escolha de um sistema de referência.

As reflexões que fizemos a respeito da relatividade geral do espaço podem ser diretamente aplicadas à variedade quadridimensional espaço-tempo. Também aqui elas permanecem corretas, uma vez que nada se altera, em princípio, com o incremento de uma coordenada. Nessa variedade dos x_1, x_2, x_3 e x_4, o sistema de todas as linhas-de-universo representa o curso temporal de todos os acontecimentos do universo. Enquanto uma transformação ponto a ponto *apenas no espaço* representava uma deformação do universo, ou seja, uma distorção e mudança de posição dos corpos, uma transformação ponto a ponto no universo quadridimensional significa, além disso, uma alteração do estado de *movimento* do universo tridimensional dos corpos, pois a coordenada temporal também será atingida pela transformação. Os resultados obtidos para as formas quadridimensionais, por sua vez, sempre podem ser tornados mais intuitivos se os concebermos como movimentos de estruturas tridimensionais. Se imaginarmos que o universo passou por uma alteração tão profunda que todos os pontos físicos foram levados a outro ponto do espaço-tempo, *de modo que* suas novas coordenadas x'_1, x'_2, x'_3 e x'_4 são funções completamente arbitrárias (mas contínuas e unívocas) de suas coordenadas anteriores x_1, x_2, x_3 e x_4, então, mais uma vez, o novo universo não se distinguirá em nada do antigo do ponto de vista físico, uma vez que toda a alteração não é nada mais que uma transformação em outras coordenadas. Pois tudo aquilo que podemos observar por meio de nossos aparelhos, a saber, as coincidências espaço-temporais, mantém-se o mesmo. Dois pontos que, em um universo, coincidem no ponto-de-universo x_1, x_2, x_3, x_4, coincidem, no outro, no ponto-de-universo x'_1, x'_2, x'_3, x'_4. A coincidência deles – e não é possível observar mais que isso – acontece no segundo universo exatamente como no primeiro.

O desejo de incorporar à expressão das leis naturais apenas aquilo que é fisicamente observável leva consequentemente à exigência de que as equações físicas não tenham sua forma alterada por ocasião de uma transformação arbitrária como essa; de que elas, portanto, sejam válidas para *todo e qualquer* sistema de coordenadas espaço-tempo e consequentemente sejam, em termos matemáticos, "covariantes" em relação a *todas* as substituições. Essa exigência contém em si nosso postulado geral da relatividade, pois o conjunto de *todas* as substituições encerra também, é claro, aquelas que representam transformações para sistemas tridimensionais de coordenadas que se movem de forma inteiramente arbitrária – mas ela vai ainda mais longe, na medida em que preserva, mesmo no *interior* desses sistemas de coordenadas, a relatividade do espaço naquele sentido mais geral que discutimos tão minuciosamente. Dessa forma, o espaço e o tempo são de fato privados de "seu último resquício de objetividade física", para usar as palavras de Einstein[8].

Como esclarecemos acima, podemos determinar a posição de um ponto imaginando três feixes de superfícies colocados no espaço, com certo número – um valor paramétrico – associado a cada superfície no interior de seu feixe, e utilizando os números das três superfícies que se cruzam no ponto como suas coordenadas. Entre as coordenadas (gaussianas) assim determinadas, é claro que em geral não

---

8 Einstein, A., "Die Grundlage der allgemeinen Relativitätstheorie".

existem mais as relações que valem para as habituais coordenadas cartesianas da geometria euclidiana. A coordenada cartesiana x de um ponto é estabelecida, por exemplo, ao irmos justapondo ao eixo x um bastão rígido como unidade de medida, desde seu início até a projeção do ponto sobre o eixo; o número de justaposições necessárias fornecerá o valor da coordenada. Com as novas coordenadas, o procedimento é diferente (cf. acima, p. 62), pois ali o valor de um parâmetro não é dado de forma tão direta como pelo número de justaposições. Devemos agora considerar os x_1, x_2, x_3 e x_4 do universo quadridimensional também como parâmetros que correspondem, cada um, a um feixe de variedades tridimensionais. O contínuo espaço-tempo é atravessado por quatro feixes desse tipo, e em cada um dos pontos-de-universo cruzam-se quatro contínuos tridimensionais cujos parâmetros são, então, suas coordenadas.

Se tivermos em mente que, em princípio, uma divisão inteiramente arbitrária do contínuo por meio de feixes de superfícies deve poder servir para o estabelecimento das coordenadas – pois as leis físicas devem ser covariantes em relação a transformações *quaisquer* – nossa primeira impressão é a de que assim são perdidos todo apoio firme e toda orientação. À primeira vista, não se vê como ainda é possível medir algo, como sequer se pode chegar a atribuir valores numéricos determinados às novas coordenadas, mesmo que esses valores já não sejam mais resultados diretos de medições. Como já vimos, uma comparação de réguas ou uma observação de coincidências só se torna uma *medição* quando alguma ideia nos serve de fundamento, quando fazemos alguma suposição física, ou, antes, quando encontramos uma convenção cuja escolha sempre permanece, a rigor e em última instância, arbitrária, mesmo que a experiência nos sugira de forma tão forte que ela é a mais simples e assim praticamente nem hesitemos em escolhê-la.

Desse modo, é necessário que aqui se encontre uma convenção, e chegamos a ela por meio de uma espécie de princípio de continuidade da seguinte forma. Na física ordinária, costumamos supor, sem mais preâmbulos, que sempre estamos falando de réguas rígidas e que é possível torná-las reais de forma aproximada; supomos também que seus comprimentos podem ser considerados, em todo lugar que quisermos, em toda posição e velocidade, como uma e a mesma grandeza. Mas já a teoria da relatividade restrita impõe certas limitações a essa suposição: segundo ela, o comprimento de um bastão depende, em geral, da velocidade de seu movimento relativamente ao observador, e o mesmo vale para as indicações de um relógio. O diálogo com a velha física e, por assim dizer, a transição contínua a ela é produzida pelo fato de que as alterações nas indicações de comprimento e tempo tornam-se imperceptivelmente pequenas quando a velocidade não é alta; para baixas velocidades (comparadas à da luz), podem-se admitir as suposições da teoria antiga. De fato, a teoria da relatividade restrita deve preparar suas equações de tal forma que elas possam se transformar, no caso de velocidades ínfimas, nas equações da física ordinária. Na teoria geral, a relatividade dos comprimentos e tempos vai ainda mais longe; nela, o comprimento de um bastão poderá depender, por exemplo, até do lugar e da orientação. Para obtermos ao menos um ponto de partida, um Δός μοι ποῦ στῶ[9], nós naturalmente conservaremos a continuidade com a física comprovada até hoje e consequentemente suporemos que aquela relatividade desaparece quando se trata de alterações mínimas. Consideraremos, assim, o comprimento de um bastão como constante, enquanto seu lugar, sua orientação e sua velocidade se alterarem apenas um pouco – em outras palavras, estabelecemos que, em domínios infinitamente pequenos e em um sistema de referência tal que nele os corpos

---

[9] Referência (alterada para o grego ático) à famosa frase de Arquimedes, proferida por ocasião da descoberta do princípio da alavanca: "Δῶς μοι πᾶ στῶ [καὶ τὰν γᾶν κινάσω]", ou seja "dê-me um lugar onde me firmar [e moverei a terra]". (N.E.)

considerados não possuam aceleração, vale a teoria da relatividade restrita. Uma vez que a teoria restrita serve-se das determinações métricas euclidianas, o estabelecido inclui a suposição de que, para tais sistemas, a geometria euclidiana deve permanecer válida na esfera do infinitamente pequeno. (Tal domínio "infinitamente pequeno" sempre pode ser grande em comparação com as dimensões examinadas em outras áreas da física.) As equações da teoria da relatividade geral devem, para o caso especial mencionado, transformar-se nas equações da teoria restrita. Com isso, toma-se como fundamento uma ideia que possibilita a medição, e abarcamos ainda os pressupostos que permitem chegar à resolução da tarefa colocada no postulado da relatividade geral.

8 Estabelecimento e significado da lei fundamental da nova teoria

Em conformidade com as últimas observações, adentremos a esfera do infinitamente pequeno e escolhamos ali um sistema de coordenadas euclidiano e tridimensional de tal forma que, em relação a ele, os corpos a serem considerados não possuam acelerações detectáveis. Essa escolha equivale à introdução de certo sistema de coordenadas quadridimensional para o domínio em questão. Tomemos então qualquer evento pontual nesse domínio, ou seja, um ponto-de-universo A do contínuo espaço-tempo, cujas coordenadas, em nosso sistema local, podem ser X_1, X_2, X_3 e X_4, das quais X_1, X_2 e X_3 são medidas da maneira usual, por meio da justaposição reiterada de uma pequena régua com uma unidade de medida, e X_4 tem seu valor determinado pela leitura de um relógio. Um evento pontual infinitamente próximo pode ser representado pelo ponto-de-universo B, cujas coordenadas se distinguem das do ponto A pelos valores dX_1, dX_2, dX_3 e dX_4. O "intervalo" entre esses pontos-de-universo é então dado pela simples e conhecida fórmula do teorema de Pitágoras:
$$ds^2 = dX_1^2 + dX_2^2 + dX_3^2 - dX_4^2.$$

É claro que esse "intervalo", o elemento de linha da linha-de-universo que liga os pontos A e B, não é em geral um trecho espacial; ao contrário, uma vez que esse elemento é uma mistura de grandezas espaciais e temporais, ele tem o significado físico de um processo de movimento, como nós já deixamos claro na introdução do conceito de linha-de-universo. O valor numérico de ds é sempre o mesmo, qualquer que seja a orientação do sistema local de coordenadas escolhido.

(A teoria da relatividade restrita fornece mais informações sobre o significado de ds. Ela nos ensina que, se ds^2 é negativo, uma escolha adequada das direções das coordenadas torna possível chegar a $ds^2 = -dX_4^2$, ao passo que as outras três dX desaparecem. Não existe, então, nenhuma diferença entre as coordenadas espaciais dos dois pontos-de-universo, e por conseguinte os eventos que correspondem a eles naquele sistema acontecem no mesmo lugar, apenas com a variação temporal dX_4. Por isso diz-se, nesse caso, que ds é de "tipo temporal". Em contrapartida, diz-se que ele é de "tipo espacial" quando ds^2 é positivo, pois nesse caso as direções das coordenadas podem ser escolhidas de modo que dX_4 desapareça, e assim os dois eventos pontuais acontecem ao mesmo tempo nesse sistema, com ds fornecendo seu afastamento espacial. Finalmente, $ds = 0$ significa um movimento com a velocidade da luz, como podemos facilmente ver se substituirmos dX_4 por seu valor $c\,dt$.)

Introduzimos agora novas coordenadas quaisquer x_1, x_2, x_3 e x_4, que podem ser funções arbitrárias de X_1, X_2, X_3 e X_4; isto é, nós passaremos de nosso sistema local a um outro sistema qualquer. Ao "intervalo" entre os pontos A e B corresponde, nesse novo sistema, certas diferenças de coordenadas dx_1, dx_2, dx_3 e dx_4, e as antigas diferenças de coordenadas dX podem ser expressas por meio das novas diferenças dx com o auxílio de fórmulas elementares do cálculo diferencial[10]. Inserindo-se as expressões dos dX assim obtidas na fórmula acima para o elemento de linha, obtém-se seu valor expresso nas novas coordenadas na seguinte forma:

$$ds^2 = g_{11}dx_1^2 + g_{22}dx_2^2 + g_{33}dx_3^2 + g_{44}dx_4^2 + 2g_{12}dx_1dx_2 \\ + 2g_{13}dx_1dx_3 + 2g_{14}dx_1dx_4 + 2g_{23}dx_2dx_3 \\ + 2g_{24}dx_2dx_4 + 2g_{34}dx_3dx_4$$

ou seja, uma soma de 10 termos, na qual as 10 grandezas g são certas funções das coordenadas x.[11] Elas não dependem da escolha particular do sistema local, pois o próprio valor de ds^2 já era independente dela.

Quando Riemann e Helmholtz investigaram as variedades tridimensionais não euclidianas, eles tomaram os fatores g que aparecem na expressão para o elemento de linha mais acima como grandezas puramente geométricas, por meio das quais seriam determinadas as propriedades métricas do espaço. Mas eles sabiam muito bem que não se pode falar adequadamente de medições e do espaço, sem lançar mão de pressupostos físicos. Já citamos acima o que

---

10 A saber

$$dX_1 = \frac{\partial X_1}{\partial x_1}dx_1 + \frac{\partial X_1}{\partial x_2}dx_2 + \frac{\partial X_1}{\partial x_3}dx_3 + \frac{\partial X_1}{\partial x_4}dx_4,$$
$$dX_2 = \frac{\partial X_2}{\partial x_1}dx_1 + \frac{\partial X_2}{\partial x_2}dx_2 + \frac{\partial X_2}{\partial x_3}dx_3 + \frac{\partial X_2}{\partial x_4}dx_4$$

e assim por diante.

11 E isso significa, como se descobre facilmente por meio da realização das operações descritas,

$$g_{11} = \left(\frac{\partial X_1}{\partial x_1}\right)^2 + \left(\frac{\partial X_2}{\partial x_1}\right)^2 + \left(\frac{\partial X_3}{\partial x_1}\right)^2 - \left(\frac{\partial X_4}{\partial x_1}\right)^2$$
$$g_{12} = \frac{\partial X_1}{\partial x_1}\frac{\partial X_1}{\partial x_2} + \frac{\partial X_2}{\partial x_1}\frac{\partial X_2}{\partial x_2} + \frac{\partial X_3}{\partial x_1}\frac{\partial X_3}{\partial x_2} - \frac{\partial X_4}{\partial x_1}\frac{\partial X_4}{\partial x_2}$$

e assim por diante.

Helmholtz tinha a dizer sobre isso; limitar-nos-emos aqui a indicar as observações de Riemann ao final de sua dissertação inaugural (*Werke*, p. 268)[12]. Ali ele diz que, em uma variedade contínua, a regra fundamental das relações métricas ainda não está contida no conceito da própria variedade, mas deve "vir de outra parte", deve ser procurada em "forças de ligação", isto é, o fundamento das relações métricas deve ser de natureza física. Bem sabemos que as considerações da geometria métrica só ganham sentido quando não se perdem de vista suas relações com a física. Assim, aqueles g não apenas permitem, mas exigem diretamente uma interpretação física. É isso que eles recebem, desde o primeiro momento, na teoria da relatividade geral de Einstein.

Ora, para obtermos o significado de g, precisamos apenas nos relembrar do significado físico da transformação que acabamos de discutir do sistema local em sistema geral. O primeiro era definido pelo fato de que um ponto material abandonado a si mesmo deveria se movimentar de forma retilínea e uniforme no espaço dos X_1, X_2 e X_3; sua linha-de-universo – isto é, a lei de seu movimento – é, portanto, uma reta quadridimensional[13] cujo elemento de linha é dado por

$$ds^2 = dX_1^2 + dX_2^2 + dX_3^2 - dX_4^2.$$

Se fizermos a transformação para as novas coordenadas x_1, x_2, x_3 e x_4, isso quer dizer que o mesmo acontecimento, o mesmo movimento do ponto, é considerado a partir de algum outro sistema, em relação ao qual o sistema local se encontra, naturalmente, em um estado qualquer de aceleração. É por isso que, no espaço dos x_1, x_2 e x_3, o ponto se move de forma curvilínea e não uniforme; a equação de sua

---

12 Riemann, G.F.B., "Ueber die Hypothesen, welche die Geometrie zugrunde liegen".
13 Sua equação, como equação da linha mais curta (geodésica), é a seguinte:

$$\delta \left(\int ds \right) = 0.$$

linha-de-universo, isto é, sua lei de movimento, se altera na medida em que seu elemento de linha, expresso nas novas coordenadas, passa a ser dado por

$$ds^2 = g_{11}dx_1^2 + \ldots + 2g_{12}dx_1dx_2 + \ldots$$

Lembremos agora o "Princípio de Equivalência" (p. 55). Segundo ele, o enunciado "um ponto abandonado a si mesmo move-se com certa aceleração" é idêntico ao enunciado "o ponto se move sob a influência de um campo gravitacional". Nas novas coordenadas, portanto, a equação da linha-de-universo representa o movimento de um ponto em um campo gravitacional; os fatores g, consequentemente, são grandezas por meio das quais esse campo é determinado. Como se vê, o papel que elas desempenham é análogo ao do potencial gravitacional na teoria newtoniana, e por isso pode-se assinalá-las como os 10 componentes desse potencial.

A linha-de-universo do ponto, que era uma reta para o sistema local, portanto a linha de ligação mais curta entre dois pontos-de-universo, representa, no novo sistema dos $x_1 \ldots x_4$, igualmente a linha mais curta, pois a definição de linha geodésica independe do sistema de coordenadas. Se realmente só pudéssemos considerar o domínio do sistema "local" como infinitamente pequeno, então, nesse sistema, toda a linha-de-universo encolheria a um elemento ds, as considerações que acabamos de propor perderiam seu sentido e não se poderia mais concluir coisa alguma. Contudo, uma vez que a lei da inércia de Galileu e a teoria da relatividade restrita foram amplamente comprovadas pela experiência, está claro que de fato podem existir domínios finitos para os quais, dada uma escolha adequada do sistema de referência, vale: $ds^2 = dX_1^2 + dX_2^2 + dX_3^2 - dX_4^2$. Esses domínios serão aquelas partes do universo nas quais, dada essa escolha, não existe nenhuma influência detectável de matéria gravitante. Neles, a linha-de-universo para tal sistema é uma reta; por conseguinte, para sistemas quaisquer, uma linha geodésica. Voltamos agora a nos apoiar sobre o princípio de continuidade (segundo o qual as novas leis devem ser concebidas de forma que elas contenham em si as antigas com o mínimo possível de modificações e, no limite, nelas se transformem) e desse modo levantamos a hipótese de que a relação assim obtida vale de forma geral para *todo* movimento de um ponto sob a influência da inércia e da gravidade; que, portanto, mesmo na presença de matéria, a linha-de-universo é sempre uma linha geodésica. Encontramos, com isso, a lei fundamental que procurávamos. Enquanto a lei da inércia de Galileu e Newton afirma que "Um ponto que não está sujeito a forças move-se de forma retilínea e uniforme", a lei de Einstein, que abrange os efeitos da inércia e da gravitação, afirma: "A linha-de-universo de um ponto material é uma linha geodésica no contínuo espaço-tempo." Essa lei satisfaz a condição da relatividade geral, pois ela é covariante em relação a toda e qualquer transformação, uma vez que a linha geodésica é definida independentemente do sistema de referência.

A maneira como a lei fundamental é formulada deixa bem clara a diferença que existe entre as concepções newtoniana e einsteiniana dos efeitos gravitacionais. Segundo Newton, estes representam forças reais, por meio das quais um corpo é desviado de seu trajeto "natural", o movimento inercial retilíneo e uniforme. Segundo Einstein, ao contrário, é o movimento de um corpo em um campo gravitacional que é "natural" e completamente subtraído à influência de forças, pois ele simplesmente permanece na linha-de-universo mais reta.

Seja-me permitido ilustrar a diferença entre esses dois tipos de explicação por meio de uma comparação de que F. A. Lindemann (Oxford) se serviu (em uma versão ligeiramente diferente) no prefácio à edição inglesa deste livreto. Suponhamos que alguém observe que as bolas que se deslocam sobre uma mesa de bilhar são desviadas na direção de um ponto determinado da mesa quando passam por suas proximidades, de modo que sua trajetória se curva na vizinhança daquele ponto e tanto mais fortemente quanto mais devagar a bola se desloca. – Se a confiança que o observador tem no fabricante de bilhares é tanta que não lhe chega a ocorrer a menor dúvida sobre o caráter perfeitamente plano da mesa, ele vai supor que no lugar em questão da mesa encontra-se um centro de forças oculto que atrai as bolas àquele ponto. Contudo, se ele observa, além disso, que todas as bolas com as quais ele faz o experimento exibem exatamente o mesmo comportamento, sejam elas feitas de madeira, ferro, marfim ou qualquer outro material, ele finalmente não poderá manter a crença em uma força de atração oculta que age de forma completamente independente do material. Sua conclusão será de que o tampo da mesa, naquele lugar, não é realmente plano, mas possui uma pequena depressão, cuja existência explica da forma mais simples o comportamento das bolas. – O raciocínio do experimentador imaginado é perfeitamente análogo à ideia de Einstein, o qual igualmente abandonou a crença em forças gravitacionais particulares e, em vez delas, introduziu como princípio de explicação a "curvatura" do espaço.

Ressaltemos mais uma vez que as coordenadas $x_1 ... x_4$ são valores numéricos que, embora determinem lugar e tempo, não têm o significado de distâncias e tempos mensuráveis pelas vias ordinárias. Em contrapartida, o "elemento de linha" ds tem um significado físico imediato e pode ser determinado diretamente por meio de réguas e relógios. Ele é, por definição, independente do sistema de coordenadas; precisamos apenas nos colocar no sistema local dos $X_1 ... X_4$ e desse modo o valor ali determinado para ds valerá de forma geral.

Os passos assim dados têm um significado epistemológico geral e são fundamentais para a concepção do espaço e do tempo na nova teoria. São eles que nos interessam aqui. Para Einstein, eles eram apenas um estágio preparatório na tarefa física de determinar efetivamente as grandezas g, isto é, de descobrir sua dependência em relação à distribuição e ao movimento das massas gravitantes. Em consonância com o princípio de continuidade, Einstein mais uma vez se ateve aos resultados da teoria da relatividade restrita. Estes haviam ensinado (ver acima, p. 28) que é preciso atribuir massa pesada não só à matéria, mas a toda energia, e que a massa inercial é em geral idêntica à energia. Logo, não são "massas", mas energias[14] que devem figurar nas equações diferenciais para os g. Naturalmente, as equações devem ser covariantes para toda e qualquer substituição. Afora essas primeiras estipulações, nada menos que óbvias do ponto de vista da teoria, Einstein supôs adicionalmente apenas que as equações diferenciais sejam de segunda ordem; a circunstância que deu a indicação para tanto foi que o velho potencial newtoniano satisfazia uma equação diferencial justamente desse tipo. Esse caminho conduz a equações bem determinadas para os g, bastando estabelecê-las para resolver o problema.

Vê-se, assim, que, abstraindo daquela analogia puramente formal que mencionamos por último, toda a teoria é edificada sobre fundamentos que não tem mais nada a ver com a antiga teoria da gravitação de Newton. Pelo contrário, ela é desenvolvida única e exclusivamente a partir do postulado da relatividade geral e dos resultados conhecidos da física (moldada pelo princípio da relatividade restrita). O que é mais surpreendente é que tais equações, obtidas por caminhos tão diferentes, de fato resultam, em primeira aproximação, nas fórmulas newtonianas para a atração universal. Isso já é, por si só, uma confirmação tão esplêndida de seus raciocínios que ela não pode deixar de despertar a mais intensa confiança em sua correção. Mas sabemos que as conquistas da nova teoria vão ainda mais longe: ao desenvolvermos as equações até a segunda aproximação, elas oferecem por si mesmas, sem recorrer

---

14 Elas serão representadas na teoria da relatividade restrita pelos componentes de um "tensor" quadridimensional, o tensor impulso-energia.

a quaisquer suposições auxiliares, a explicação completa e quantitativamente exata da anomalia do movimento de Mercúrio no periélio, um fenômeno de que a teoria newtoniana só podia dar conta com o auxílio de hipóteses de natureza razoavelmente arbitrária introduzidas *ad hoc*. Esses são sucessos espantosos, cujo alcance dificilmente se poderia superestimar, e ninguém vai se recusar a reconhecer que Einstein tem toda razão quando (ao final do § 14 de seu escrito "Os fundamentos da teoria da relatividade geral") diz: "O fato de que essas equações, derivadas por caminhos puramente matemáticos a partir da exigência da relatividade geral, ... revelem, em primeira aproximação, a lei da atração newtoniana e, em segunda aproximação, a explicação do movimento de Mercúrio no periélio (descoberto por Leverrier), deve a meu ver convencer acerca da correção física da teoria."

A nova lei fundamental ainda tem, em comparação com a fórmula da atração de Newton, a vantagem de ser uma lei diferencial, isto é, segundo ela os processos em um ponto do espaço e do tempo dependem imediatamente apenas dos processos dos pontos infinitamente próximos, ao passo que na fórmula newtoniana a gravitação aparece como força à distância. O banimento da gravitação, a última ação a distância que restava na física, e a expressão de todas as leis dos acontecimentos físicos por meio de equações diferenciais definitivamente significam uma simplificação considerável da imagem de universo e, por conseguinte, um progresso epistemológico.

É claro que toda outra lei natural deve receber uma formulação tal que seja covariante para toda e qualquer transformação. A teoria da relatividade restrita e o princípio de continuidade esboçam o caminho que conduz a isso, e este já foi trilhado pelo próprio Einstein e por outros. Nossa atenção aqui se dirige, sobretudo, à eletrodinâmica, da qual se espera que, em aliança com a teoria da gravitação, venha a ser suficiente para a construção de um sistema de física sem lacunas. A maior tarefa para o futuro da física é reunir a eletrodinâmica e a teoria da gravitação por meio de uma lei comum e, dessa forma, fundir esses domínios em uma única teoria unificada. As tentativas realizadas até agora nessa direção – H. Weyl ofereceu a mais interessante e significativa – ainda não podem ser consideradas como bem sucedidas, sobretudo porque ainda faltam fatos experimentais que liguem os fenômenos elétricos e gravitacionais uns aos outros. Além da confirmação astronômica mencionada há pouco, há ainda outras possibilidades para comprovar a teoria por meio da observação, pois, segundo ela, em campos gravitacionais muito fortes, devem ocorrer tanto 1. um alongamento ainda detectável do tempo de oscilação da luz quanto 2. uma curvatura dos raios luminosos (estes últimos são as linhas geodésicas $ds = 0$).

Ainda não está encerrado o debate acerca da realidade do primeiro efeito, que deve se manifestar em um deslocamento das linhas espectrais em direção ao polo vermelho do espectro (das estrelas de massa muito grande). Enquanto alguns creem tê-lo constatado com segurança, outros duvidam de sua realidade. Espera-se que as observações do novo Instituto Einstein, em Potsdam, tragam o esclarecimento total da questão no futuro próximo. Já o segundo efeito, por sua vez, o desvio da luz por meio da gravitação, foi encontrado com segurança no ano de 1919, mais precisamente por ocasião do eclipse total do Sol de 29 de maio. Pois a luz de uma estrela que, no caminho até a Terra, passa próximo ao Sol é desviada pelo seu forte campo de gravidade e isso deve se manifestar em um aparente deslocamento da estrela. Ora, como é sabido que as estrelas que se encontram nas proximidades do sol só se tornam visíveis para nossos olhos (ou para a placa fotográfica) durante um eclipse solar, foi preciso aguardar a ocorrência de tal evento para poder colocar à prova essa consequência da teoria. Duas expedições foram enviadas da Inglaterra para observar o eclipse, e elas foram capazes de constatar que a aparente alteração de lugar das estrelas prevista por Einstein estava de fato presente, e isso praticamente na exata proporção que ele havia calculado. Essa confirmação é com certeza um dos triunfos mais brilhantes do espírito humano e tem um significado teórico ainda maior que os famosos cálculos que indicavam a existência do planeta Netuno, realizados por Leverrier e Adams. Dessa forma, a teoria da relatividade geral passou pelos mais duros testes; o universo científico dobra-se diante da força vitoriosa com a qual a correção de seu conteúdo físico e a verdade de seus fundamentos epistemológicos são comprovadas pela experiência.

Todas as objeções de natureza puramente intelectual que alguns creem dever levantar contra a doutrina da relatividade repousam sobre uma má compreensão da teoria. A concepção relativística da *rotação*, em especial, deu ocasião a algumas opiniões equivocadas, e por isso gostaríamos de dizer aqui umas poucas palavras sobre ela.

Na teoria geral, a velocidade da luz c é dependente do campo gravitacional, sendo assim variável de lugar a lugar. Uma vez que a teoria restrita mantém sua validade em domínios pequenos, está claro que, neles, a velocidade de um corpo nunca pode, em lugar nenhum, alcançar o valor da velocidade da luz. Contudo, se, por exemplo, considerarmos a Terra como estando em repouso, nesse caso já foi objetado que mesmo as estrelas fixas mais próximas se movem em relação a um sistema de eixos rigidamente vinculado à Terra com uma velocidade muito maior que a da luz – consequentemente, é impossível tomar o sistema de coordenadas em rotação com a Terra como sistema de referência!

Essa objeção viola tão gravemente os fundamentos do pensamento relativístico que sua refutação se torna uma ocasião perfeita para lançar uma luz especialmente clara sobre ele. Sem nenhum embaraço, ela pressupõe um sistema de coordenadas euclidiano ordinário, muito embora a necessidade da introdução de geometrias não euclidianas tenha sido exatamente um dos resultados mais essenciais. Se a Terra é considerada como em repouso, o sistema de estrelas fixas em rotação fará com que o espaço se afaste fortemente da estrutura euclidiana, afastamento este que já aparece a uma distância relativamente pequena do eixo de rotação e aumenta rapidamente ao afastar-se dele. A conexão indissolúvel entre a física e a geometria, a qual é parte integral da teoria, é completamente ignorada quando se crê ter o direito de falar, por exemplo, de um sistema de coordenadas formado por três retas euclidianas perpendiculares umas às outras que se estendem indefinidamente. Linhas e "retas" só podem ser definidas com referência a dados físicos, e uma configuração só pode ser considerada como um sistema de coordenadas se é possível imaginá-la, de alguma forma, como fisicamente real. Imagine-se, por exemplo, que um farol instalado no polo norte da Terra emite, para cima, um raio de luz na direção do eixo terrestre e ainda dois outros raios perpendiculares um ao outro na direção horizontal. Esses três raios formam como que um sistema físico retangular de coordenadas, o qual está em repouso em relação à Terra e que de fato, se o estendermos quanto quisermos, pode servir de base para a descrição de todos os movimentos no universo, não se devendo esquecer que as quatro coordenadas não podem ser separadas em coordenadas puramente espaciais e temporais. Vê-se facilmente que as duas linhas mais retas formadas pelas trajetórias dos raios de luz horizontais se desenrolam, por assim dizer, à maneira de uma espiral, e isso de forma que as voltas das espirais vão se aproximando umas das outras cada vez mais à medida que se afastam da Terra. Em relação a esse sistema, a velocidade das estrelas mais distantes se aproxima da velocidade da luz, sem nunca alcançá-la. Também na teoria geral fica completamente excluído ultrapassá-la. Dessa forma, a rotação da Terra é relativizada, assim como todos os movimentos possíveis de configurações físicas são, na teoria, relativos uns aos outros. Mas a exigência de considerar todos os movimentos reais como relativos a um sistema euclidiano arbitrariamente imaginado é tão incompatível com o espírito da teoria quanto a ideia de admitir como aceitável um sistema de coordenadas, o qual imaginamos em translação relativamente à Terra, movendo-se com velocidade superior à da luz.

A afirmação da relatividade de todos os movimentos e acelerações equivale à afirmação da não objetividade física do espaço e do tempo. Uma é a garantia da outra. O espaço e o tempo não são mensuráveis em si mesmos, eles formam apenas um esquema de ordenação no qual organizamos os processos físicos. Em princípio, podemos escolher o esquema que bem entendermos, mas o estabelecemos de modo a obter a melhor acomodação possível aos fenômenos (de modo, por exemplo, que as "linhas geodésicas" do sistema de ordenação desempenhem um papel físico particularmente destacado), e assim conseguimos a mais simples formulação para as leis naturais. Uma ordem nunca é algo autônomo, ela só ganha realidade nas coisas ordenadas. Se Minkowski resumiu o resultado da teoria da relatividade restrita na proposição de que o espaço e o tempo, por si mesmos, estão completamente reduzidos a meras sombras e só uma união indissolúvel dos dois conserva ainda alguma autonomia, podemos de agora em diante dizer, com base na teoria da relatividade geral, que mesmo essa união, por si mesma, se tornou mera sombra, uma abstração, e que apenas a unidade que compreende espaço, tempo e coisas possui uma realidade autônoma.

9 A finitude do universo

Na física de Newton e, de forma geral, em toda a física pré-einsteiniana, o papel desempenhado pelo espaço era completamente autônomo em relação à matéria. Assim como um recipiente, que pode existir e manter sua forma mesmo sem conteúdo, também o espaço deveria conservar suas propriedades, quer estivesse "preenchido" de matéria ou não. A teoria da relatividade geral nos ensinou a ver essa concepção como desprovida de fundamento e desencaminhadora. Segundo ela, o "espaço" só é possível se há matéria, a qual determina suas qualidades físicas.

A confirmação de que o modo de ver decorrente da teoria da relatividade geral é o único justificado é obtida quando nos voltamos para a questão cosmológica da estrutura do universo como um todo. Aqui, certas dificuldades já haviam sido deparadas anteriormente, as quais tornavam patente que a cosmologia newtoniana era insustentável; mas ninguém havia tido a ideia de que talvez fosse a doutrina newtoniana do espaço a responsável por essas dificuldades. A teoria da relatividade fornece uma surpreendente e extraordinária resolução para tais discrepâncias que é do maior significado para nossa imagem de universo.

Em geral, os antigos acreditavam que nosso cosmo era limitado por uma potente esfera à qual, segundo imaginavam, as estrelas fixas aderiam de alguma forma. Mesmo Copérnico não abalou essa crença. Ele pode ter colocado o Sol no centro do sistema planetário que se movia a seu redor e reconhecido a Terra como um de muitos planetas, mas não chegou a reconhecer o Sol como uma de muitas estrelas fixas. Em comparação com essa concepção ingênua, a doutrina da infinitude dos universos, proposta por Giordano Bruno, deve ter sido sentida como um soberbo enriquecimento da imagem de universo. Uma ideia inebriante, a de que as inúmeras estrelas fixas também são sóis como o nosso e pairam livres no espaço, de que o espaço se estende no infinito, sem estar delimitado por esfera rígida alguma ou encerrado em qualquer "casca cristalina". Em versos inspirados, Bruno celebra a libertação do espírito provocada por essa expansão do sistema do universo:

> Assim ao ar as asas confiante estendo;
> Nem temo cúpula de vidro ou de cristal,
> Mas rasgo os céus e ao infinito me ergo.
> E quando de meu globo aos outros ascendo,
> E penetro adiante no espaço etereal:
> Aquele que ficou para trás, não mais enxergo.[15]

---

15 Trata-se dos tercetos finais de um soneto de Giordano Bruno. No original: *"E chi mi impenna, e chi mi scalda il core? / Chi non mi fa temer fortuna o morte? / Chi le catene ruppe e quelle porte, / Onde rari son sciolti ed escon fore? / L'etadi, gli anni, i mesi, i giorni e l'ore / Figlie ed armi del tempo, e quella corte / A cui né ferro, né diamante è forte, / Assicurato m'han dal suo furore. / Quindi l'ali sicure a l'aria porgo; / Né temo intoppo di cristallo o vetro, / Ma fendo i cieli e a l'infinito m'ergo. / E mentre dal mio globo a gli altri sorgo, / E per l'eterio campo oltre penetro: / Quel ch'altri lungi vede, lascio al tergo".* (Tradução para o português: TT e JVC)

A representação do universo aqui esboçada permanece dominante até nossos dias. O modo esteticamente mais sedutor e filosoficamente mais satisfatório de retratar o cosmo seguramente consiste em imaginar que, no espaço infinito, o mundo material estende-se também infinitamente: o viajante do infinito nunca deixará de encontrar, por toda a eternidade, novas estrelas em seus caminhos e jamais chegará a ultrapassar o domínio dos astros ou esgotá-lo. É certo que as estrelas são extremamente esparsas no universo: em um grande volume de espaço há apenas uma quantidade relativamente pequena de matéria, mas sua densidade *média* deve ser em toda parte igual e mesmo no infinito não chegará a zero. Assim, se eu considerar a massa que se encontra em qualquer grande volume de espaço no universo e a dividir pela grandeza desse volume, obterei, escolhendo um volume cada vez maior, um valor finito constante para a densidade média de massa. Do ponto de vista da filosofia da natureza, a imagem de tal universo seria extremamente satisfatória; ele não teria nem começo nem fim, não teria centro nem limites, o espaço não estaria vazio em lugar nenhum.

Mas a mecânica celeste de Newton é *incompatível* com a concepção que acabamos de descrever. Com efeito, caso se pressuponha a validade estrita da fórmula newtoniana da gravitação, segundo a qual todas as massas exercem, umas sobre as outras, força de atração inversamente proporcional ao quadrado da distância, o resultado dos cálculos mostrará o seguinte: em um ponto qualquer, os efeitos das massas que, segundo essa mesma concepção, estão infinitamente distantes e são infinitamente numerosas, não se somam de forma a resultar em uma força gravitacional finita determinada; pelo contrário, os valores obtidos são infinitos e indeterminados.

Segundo Einstein, isso pode ser mostrado de forma bem elementar da seguinte maneira. Se ρ é a densidade média de matéria no universo, a quantidade de matéria contida em uma grande esfera de raio R é igual a $\frac{4}{3} \pi \rho R^3$.

Igual é o número (conforme uma conhecida proposição da teoria do potencial) das "linhas de força" de gravitação que percorrem a superfície da esfera. A extensão dessa superfície é $4\pi R^2$, de modo que há $\frac{1}{3}\rho R$ linhas de força por unidade de superfície. Esse número indica, porém, a grandeza da força que é produzida em um ponto da superfície pelos efeitos gravitacionais do conteúdo da esfera, e ela se tornará infinita se R aumentar de forma ilimitada.

Uma vez que isso é impossível, na teoria newtoniana o universo não pode ser tal como acabamos de retratá-lo. Ao contrário, o potencial gravitacional no infinito precisaria ser igual a zero e o cosmo deveria representar uma ilha finita cercada por todos os lados de infinito "espaço vazio"; a densidade média de matéria seria infinitamente pequena.

Tal imagem de universo seria, contudo, altamente insatisfatória. A energia do universo diminuiria de forma constante, pois a irradiação se perderia no infinito e também a matéria deveria se dispersar. Depois de algum tempo, o universo teria uma morte inglória.

Essas consequências extremamente incômodas estão indissociavelmente ligadas à teoria de Newton. O astrônomo von Seeliger, que descobriu as deficiências dela em toda sua extensão, procurou evadi-las supondo que a força de atração entre duas massas diminuía com a distância de forma mais forte do que previam as leis newtonianas[16]. Com o auxílio dessa hipótese, pôde-se de fato conservar, sem nenhuma contradição, aquela representação de um universo incorruptível, infinitamente extenso e preenchendo todo o espaço com densidade média constante. Mas ela é insatisfatória na medida em que foi forjada *ad hoc*, e não ocasionada por quaisquer outras experiências ou nelas apoiada.

Dessa forma, ganha o maior interesse a questão sobre se não é possível obter, por um novo caminho, uma resolução

---

16 Seeliger, H. von, "Ueber das Newton'sche Gravitationsgesetz".

para o problema cosmológico que seja inteiramente satisfatória em todos os aspectos. É forte a suspeita de que a teoria da relatividade geral possa ser capaz disso, pois, em primeiro lugar, ela nos fornece informações sobre a essência da gravitação e nela a lei de Newton representa apenas uma aproximação; mas, em segundo lugar, ela faz com que o problema do espaço passe a aparecer sob uma luz completamente nova. Pode-se, portanto, esperar que ela seja capaz de oferecer-nos importantes novidades sobre a questão da infinitude espacial do universo.

Quando Einstein investigou se sua teoria se harmonizava melhor que a newtoniana com a suposição de um universo infinito dotado de densidade média uniforme, ele teve de início uma decepção. Pois revelou-se que uma estrutura do universo do tipo esperado é tão incompatível com a nova mecânica quanto com a mecânica newtoniana[17].

Como sabemos, o espaço da nova teoria da gravitação não é de constituição euclidiana, mas diverge um pouco dessa estrutura na medida em que suas relações métricas se acomodam à distribuição da matéria. Se fosse possível, em conformidade com a imagem de universo de Giordano Bruno, que uma distribuição medianamente uniforme dos astros predominasse até o infinito, então, apesar das divergências no detalhe, o espaço poderia ser visto, em suas grandes linhas, como euclidiano, assim como posso considerar o teto de meu quarto como plano se abstraio das pequenas irregularidades de sua superfície. Fazendo as contas, vê-se que tal estrutura do espaço – que Einstein chama de "semieuclidiana" – *não* é possível na teoria da relatividade geral. Segundo ela, ao contrário, a densidade média de matéria no espaço semieuclidiano infinito seria necessariamente igual a zero; isto é, seríamos mais uma vez reconduzidos ao sistema de universo já discutido, o qual

---

17 Cf. Einstein, A., "Kosmologische Betrachtungen zur allgemeinen Relativitätstheorie."

consistiria de um ajuntamento finito de matéria em um espaço infinito que, de resto, está vazio.

Se essa concepção já era insatisfatória na teoria newtoniana, ela o é ainda mais para a teoria da relatividade. As reservas que expusemos mais acima mantêm sua força e ainda outras vêm se acrescentar a elas. Pois, se tentarmos encontrar as condições matemáticas de contorno para as grandezas g no infinito, Einstein nos mostra que isso pode ser feito essencialmente por dois caminhos. Poder-se-ia primeiramente pensar em atribuir aos g o mesmo valor de contorno que lhes deve ser fixado no infinito por ocasião do cálculo dos movimentos planetários. Certa fixação de valores ($g_{11} = g_{22} = g_{33} = -1, g_{44} = +1$, os g restantes = 0) é permitida para o sistema planetário porque ainda se deve levar em conta, a uma distância muito grande, o sistema de estrelas fixas. Mas a transposição disso para o universo como um todo é inconciliável com as ideias fundamentais da teoria da relatividade sob dois aspectos. Primeiro, isso tornaria necessária uma escolha bem particular do sistema de referência. Além disso, a massa inercial de um corpo, contrariamente a nossos pressupostos, não estaria mais condicionada apenas pela presença de outros corpos; a partir desse momento, um ponto material continuaria a possuir massa inercial, mesmo que se encontrasse a uma distância infinita de outros corpos, ou isolado no espaço cósmico. Isso contradiz o sentido do princípio da relatividade geral, o que nos faz reconhecer que só devem ser consideradas soluções nas quais a inércia de um corpo vai desaparecendo no infinito.

Einstein mostrou (este parecia ser o segundo caminho) que é possível imaginar condições de contorno para os g no infinito que chegam a satisfazer essa última exigência, e que a imagem de universo assim produzida teria até mesmo a vantagem, em comparação com a newtoniana, de que nela nenhum astro ou radiação poderia se afastar rumo ao infinito, e sim teria que finalmente retornar ao sistema. – Mas ele mostrou, ao mesmo tempo, que tais condições de contorno são simplesmente inconciliáveis com o estado factual do sistema estelar tal como revelado pela experiência. Mais especificamente, os potenciais gravitacionais deveriam crescer de forma ilimitada no infinito, deveriam ocorrer velocidades estelares relativas muito grandes – na realidade, porém, vemos que os movimentos de todas as estrelas acontecem de forma extretamente lenta em comparação com a velocidade da luz. O fato de as velocidades estelares serem ínfimas é, mais que tudo, a característica geral mais notável do sistema estelar que pode ser observada por nós e assim servir de base a considerações cosmológicas. Graças a essa propriedade, estamos autorizados a considerar, em uma primeira aproximação, a matéria do cosmo como em repouso (dada uma escolha adequada do sistema de referência), e é sobre esse pressuposto que os cálculos são então erigidos.

Dessa forma, também o segundo caminho não conduz à meta. A consequência disso é que o universo da teoria da relatividade não pode ser um complexo estelar finito no espaço infinito. Assim, de acordo com o que foi dito, fica descartada a possibilidade de conceber o espaço como semieuclidiano. Mas que outra possibilidade resta?

Em um primeiro momento, parecia que a teoria precisaria continuar devendo uma resposta; mas logo em seguida Einstein descobriu que suas equações gravitacionais originais ainda eram passíveis de uma pequena generalização. Com a introdução dessa pequena extensão das fórmulas, a teoria da relatividade geral tem a enorme vantagem de ser capaz de fornecer uma resposta inequívoca à nossa pergunta, ao passo que a teoria newtoniana anterior sempre nos deixava em dúvida; o máximo que ela podia fazer para nos livrar de supor uma imagem de universo extremamente indesejável era lançar mão de novas hipóteses não confirmadas.

Se supusermos novamente que a matéria do universo está distribuída com densidade completamente uniforme e em repouso, então os cálculos nos ensinam que o espaço deve forçosamente ter uma estrutura *esférica*. (Há ainda a possibilidade teórica de uma constituição "elíptica", embora esse caso tenha um interesse mais matemático que puramente físico.) Uma vez que, na realidade, a matéria não preenche o espaço uniformemente e não está em repouso, mas, segundo supomos, exibe apenas *na média* a mesma densidade de distribuição por toda parte, devemos considerar o espaço como, na verdade, "semiesférico". Isto é, ele é *grosso modo* esférico, mas se afasta dessa forma em sua estrutura mais fina, assim como a Terra só é *grosso modo* um elipsoide, pois, no detalhe, possui uma superfície de formas irregulares.

O leitor que conhece, por exemplo, as conferências populares de Helmholtz[18], certamente está familiarizado com o que se deve compreender por um "espaço esférico". Como se sabe, ele representa o análogo tridimensional da superfície de uma esfera e, como esta, possui a propriedade de ser fechado, isto é, ele é *ilimitado*, mas ainda assim *finito*. A comparação com a superfície de uma esfera não deve levar nossa imaginação a confundir "esférico" com "da forma de uma esfera". Uma esfera é limitada por sua superfície e, por meio desta, ela é recortada do espaço como uma parte dele; o espaço esférico, por sua vez, não é uma parte de um espaço infinito, mas simplesmente não tem limites. Se parto de um ponto de nosso universo esférico e sigo sempre em frente sobre uma "reta", eu nunca chego a uma superfície-limite; a "esfera cristalina" que, segundo a concepção dos antigos, devia circunscrever o universo, não existe para Einstein assim como não existia para Giordano Bruno. Fora do universo, não há espaço; só há espaço na medida em que há matéria, pois o espaço em si tem o significado de mero produto da abstração. Se eu traçar, a partir de um ponto qualquer, as linhas mais retas em todas as direções,

---

18 Cf. Helmholtz, *Schriften zur Erkenntnistheorie* (Escritos Sobre Teoria do Conhecimento), editados e comentados por P. Hertz e M. Schlick, Berlim 1921, Julius Springer.

é claro que primeiramente elas vão se afastar umas das outras; depois, contudo, elas se reaproximam, para finalmente se reencontrarem de novo em um ponto. A totalidade dessas linhas preenche completamente o espaço do universo e seu volume é finito. A teoria de Einstein permite até mesmo calcular seu valor numérico, dada uma densidade de distribuição; obtém-se a soma de $V = \frac{7 \cdot 10^{41}}{\sqrt{\varrho^3}}$ cm³, um número absurdamente grande, pois ρ, a densidade média de matéria, tem um valor extremamente pequeno.

A estrutura do Todo que a teoria da relatividade geral nos desvela é de surpreendente coerência, de imponente grandeza, além de ser tanto física quanto filosoficamente satisfatória. Todas as dificuldades que nasciam do solo newtoniano são superadas; todas as vantagens, contudo, por meio das quais a imagem de universo moderna se elevou acima das estreitas concepções antigas reluzem com brilho mais puro do que antes. O universo não é restringido por nenhum limite e, no entanto, forma um todo fechado e harmonioso. Ele está a salvo do perigo do esgotamento, pois nem a energia nem a matéria podem deixá-lo rumo ao infinito, uma vez que o espaço não é infinito. Não há dúvida de que assim abrimos mão da infinitude espacial do cosmo, mas isso não significa um sacrifício da sublimidade da imagem de universo, pois o que faz da ideia de infinito a portadora de sentimentos tão sublimes é certamente a representação da ausência de limites do espaço (uma infinitude atual nunca seria imaginável), e essa ausência de barreiras, que inspirava Giordano Bruno, não é arranhada pela nova teoria.

Uma cooperação genial do pensamento físico, matemático e filosófico tornou possível responder com métodos exatos às questões sobre o todo do universo, as quais pareciam estar fadadas a ser sempre apenas objeto de vagas conjecturas. Nós novamente reconhecemos o poder emancipador da teoria da relatividade, que dota o espírito humano de uma liberdade e uma consciência de suas próprias forças que jamais qualquer outro feito científico foi capaz de oferecer-lhe.

10 Relações com a filosofia

Quase não há necessidade de dizer que aqui só se falou de espaço e tempo naquele sentido "objetivo" com o qual esses conceitos aparecem na ciência da natureza. A vivência "subjetiva", psicológica, da extensão e da ordenação espacial e temporal é algo bem diverso disso.

Habitualmente, não há oportunidade para se obter uma consciência clara dessa diferença; o físico não precisa ter a mínima preocupação com as investigações sobre a intuição do espaço feitas pelos psicólogos. Mas tão logo se trate de um esclarecimento epistemológico último da ciência da natureza, torna-se necessário oferecer uma explicação completa da relação entre os dois pontos de vista. Esse é o tema da reflexão filosófica, pois é reconhecidamente uma tarefa da filosofia a de explicitar os pressupostos últimos das ciências particulares e colocá-los em harmonia.

Dessa forma vem a ser determinada, também, a relação dos resultados alcançados com a visão de mundo pré-científica, e por esse caminho os paradoxos da teoria da relatividade são justificados. Os paradoxos da relatividade das medidas de tempo e comprimento e da simultaneidade, os da estrutura não euclidiana do espaço, do éter não substancial, ao qual não se pode aplicar o conceito de movimento – todas essas construções conceituais despertaram grande comoção nos últimos tempos, o que conduziu os menos informados até mesmo a condenar a teoria einsteiniana. Na maioria das pessoas, porém, o contato com a teoria provocou um candente desejo de esclarecimento filosófico, isto é, de harmonização com a concepção de mundo usual. Essa tarefa não pode ser cumprida no âmbito deste escrito, aqui é possível apenas apontar o caminho para sua solução.

Como é que chegamos a falar do espaço e do tempo? Qual a fonte psicológica dessas representações? Não há dúvida de que todas as nossas experiências e inferências espaciais têm suas raízes em certas propriedades de nossas percepções sensíveis, a saber, aquelas propriedades que justamente designamos como "espaciais" e não são passíveis de definição ulterior porque são conhecidas por nós por meio de vivências imediatas. Da mesma forma como não posso, por meio de uma definição, explicar a um cego de nascença o que vivencio quando vejo uma superfície verde, também não é possível descrever o que se quer dizer quando atribuo ao verde que vejo determinada extensão e determinado lugar no campo visual. Para saber o que isso significa, deve-se poder *olhar*, deve-se possuir percepções ou representações visuais. Essa espacialidade, que é dada como propriedade das percepções ópticas, é portanto *intuitiva*. Nós designamos, então, como "intuitivos" em sentido mais amplo todos os dados restantes de nossa vida perceptiva e representativa, e não apenas os ópticos. Mesmo as percepções dos outros sentidos, em especial, porém, as sensações táteis e cinestésicas (musculares e articulares), admitem propriedades que igualmente chamamos de *espaciais*; a intuição de espaço do cego é construída apenas e tão somente sobre dados desse tipo. Uma esfera se apresenta ao tato diferentemente de um cubo; vivencio sensações musculares diferentes no braço conforme eu descreva com a mão uma linha comprida ou curta, uma linha levemente curva ou em zigue-zague. Essas diferenças constituem a "espacialidade" das sensações táteis e musculares; elas são aquilo que o cego de nascença imagina quando falamos de diferentes lugares ou extensões.

Ora, mas os dados de diferentes domínios sensíveis são inteiramente incomparáveis; a espacialidade das sensações táteis, por exemplo, é algo *toto genere* diferente da espacialidade das sensações ópticas. Alguém que, assim como o cego, só conhece as primeiras, não pode partir delas para produzir uma representação das últimas. O espaço tátil não tem, portanto, a menor semelhança com o espaço visual, e o psicólogo terá de dizer: há tantos espaços intuitivos quantos são os sentidos que possuímos.

O espaço do físico, por outro lado, que contrapomos àqueles espaços subjetivos designando-o como objetivo, é apenas *um* e pensado de forma independente de nossas percepções sensíveis (é claro, porém, que não independentemente dos objetos físicos; ao contrário, só lhe é atribuída realidade em conjunção com eles). Ele não é idêntico a nenhum daqueles espaços intuitivos, pois tem propriedades bem diferentes das destes. Se considerarmos, por exemplo, um cubo rígido, sua forma para a visão se altera de acordo com o lado e a distância da qual eu o considero; o comprimento óptico de suas arestas varia; e no entanto atribuímos a ele o mesmo formato objetivo constante. Algo similar vale para a apreciação do cubo pelo tato; também este me fornece impressões bem distintas se toco o cubo em extensões grandes ou pequenas, ou o faço por meio de diferentes locais de minha pele; a despeito dessas diferenças, digo que seu formato cúbico não se altera. Os objetos físicos são, por conseguinte, absolutamente *não* intuitivos, o espaço físico não é de forma alguma dado nas percepções, mas é uma *construção conceitual*. Por isso, não se deve atribuir aos objetos físicos nem a espacialidade intuitiva que as sensações visuais nos dão a conhecer nem a que encontramos nas percepções táteis, e sim apenas uma ordem não intuitiva, que então chamamos de espaço objetivo e que apreendemos conceitualmente por meio de uma variedade numérica (coordenadas). A situação com a espacialidade intuitiva é, portanto, a mesma que com as qualidades sensíveis, as cores, os sons etc.: a física não trabalha com as cores como propriedades de seus objetos, mas, ao invés disso, apenas com frequências de oscilação da luz; não trabalha com qualidades térmicas, mas com a energia cinética de moléculas, e assim por diante.

Considerações semelhantes podem ser feitas a respeito do tempo subjetivo, psicológico. Com efeito, não é verdade que todo domínio sensível tenha seu tempo psicológico particular, mas uma e a mesma temporalidade se vincula da mesma forma a todas as vivências – não só as sensíveis. No entanto, essa vivência imediata da duração, do antes e do depois é um momento intuitivo variável que faz um mesmo processo objetivo, dependendo de nosso humor e de nossa atenção, nos parecer ora longo, ora curto, que desaparece completamente durante o sono e ganha um caráter bem diferente de acordo com a riqueza do que é vivenciado. Em suma, ela deve ser distinguida do tempo físico, que significa apenas uma ordem com as propriedades de um contínuo unidimensional. Essa ordem objetiva tem tão pouco a ver com a vivência imediata da duração quanto a ordem tridimensional do espaço objetivo tem a ver com as vivências intuitivas da extensão óptica ou tátil.

Essa constatação dá-nos a chance de ver o verdadeiro núcleo da doutrina kantiana da "subjetividade do espaço e do tempo", segundo a qual, como sabemos, ambos são apenas "formas" de nossa intuição e não podem ser atribuídos às "coisas em si". É certo que Kant dá a essa verdade somente uma expressão bem imprecisa, uma vez que ele sempre fala apenas "do" espaço, sem separar uns dos outros os espaços intuitivos dos diversos sentidos e estes do espaço dos corpos físicos. Em vez disso, ele apenas contrapõe o espaço e o tempo das coisas sensíveis à ordem incognoscível das "coisas em si". Para Kant, o espaço dos objetos sensíveis é idêntico ao espaço geométrico-físico; ele o considera como algo intuitivo, mas que se contrapõe, como intuição "pura", às intuições "empíricas" dos sentidos individuais: não deve ser, portanto, nem tão só o espaço do sentido visual nem o do tátil nem o do motor, mas sim, de certo ponto de vista, tudo isso ao mesmo tempo. Em desacordo com essa construção kantiana, somos motivados a separar os espaços intuitivos psicológicos do espaço não intuitivo da física. Uma vez que este último é justamente não intuitivo, a intuição nada pode nos informar – a despeito da filosofia kantiana – a respeito de como ele deve ser caracterizado, se como euclidiano ou não. Em conjunto com o tempo objetivo, ele é caracterizado por aquele esquema de ordenação quadridimensional do qual temos falado constantemente e que, pela manipulação matemática, pode simplesmente ser tratado como a variedade de todos os quádruplos numéricos x_1, x_2, x_3, x_4.

É óbvio que apenas os espaços e tempos intuitivos psicológicos nos são dados primitivamente, de modo que temos que nos perguntar como se chega, a partir deles, à construção daquela variedade espaço-tempo objetiva. Essa construção não é obra exclusiva da ciência natural, mas já um requisito da vida cotidiana, pois quando ordinariamente falamos do lugar e da forma dos corpos, sempre estamos pensando no espaço físico, concebido como independente dos indivíduos e dos órgãos dos sentidos. Quando refletimos sobre formatos e distâncias, é claro que sempre os representamos em nossa consciência por meio de representações visuais, táteis ou cinestésicas. A razão disso é que, na medida do possível, relações conceituais não intuitivas sempre são apresentadas em nosso pensamento por meio de representantes intuitivos. Mas nunca se trata senão de *representantes* sensíveis do conceito de espaço físico, de modo que não se pode confundir aqueles com este e considerá-lo como intuitivo, um erro que, como vimos, até mesmo Kant cometeu.

A resposta à questão sobre o surgimento do conceito de espaço físico a partir dos dados intuitivos dos espaços psicológicos fica agora manifesta. Com efeito, embora esses espaços sejam completamente dessemelhantes e incomparáveis uns com os outros, eles estão empiricamente coordenados entre si de uma forma bem determinada. Nossas vivências táteis, por exemplo, não são completamente independentes de nossas experiências ópticas; antes, tem lugar entre essas duas esferas certa correspondência, a qual encontra sua expressão no fato de que todas as vivências espaciais podem ser arranjadas em um mesmo esquema, que é justamente o espaço objetivo. Se, por exemplo, tatear um objeto fornece ao meu sentido do tato um complexo de sensações do "formato de um cubo", sempre me é possível, mediante certas providências (acender a luz, abrir os olhos, e assim por diante), prover também meu sentido da visão com complexos de sensações ópticas que igualmente designo como um "formato de cubo". A impressão óptica é *toto caelo* distinta da tátil, mas a experiência me ensina que ambas andam de mãos dadas. O caso dos cegos de nascença que recuperam a visão de forma cirúrgica oferece a oportunidade de estudar a gradual formação das associações entre os dados desses dois domínios sensíveis.

É importante agora ganhar clareza sobre que experiências particulares conduzem a coordenar um elemento bem determinado do espaço óptico a outro elemento bem determinado do espaço tátil e, dessa forma, à formação do conceito de "ponto" no espaço objetivo. O que entra em consideração aqui são experiências de coincidências. A fim de fixar um ponto no espaço, deve-se de alguma maneira *apontá*-lo de forma direta ou indireta, deve-se fazer a ponta de um compasso ou um dedo ou o centro de uma mira coincidir com ele, isto é, produz-se uma coincidência espaço-temporal de dois elementos normalmente separados. E então passamos a ver que essas coincidências sempre aparecem, de forma que todos os espaços intuitivos dos diferentes sentidos e indivíduos estão em acordo: é justamente por isso que, por meio delas, é definido um ponto objetivo, isto é, independente de vivências particulares e válido para todas elas. Um compasso aberto em geral provoca, em contato com a pele, duas sensações de pontada; mas, se eu juntar suas pontas de modo que, para o sentido da visão, no espaço óptico, elas ocupem o mesmo lugar, obterei dali em diante apenas *uma* sensação de pontada, isto é, haverá coincidência também no espaço tátil. Refletindo um pouco mais, vê-se facilmente que é só por meio desse método das coincidências, e por mais nenhum outro caminho, que chegamos à construção do espaço físico. A variedade espaço-tempo não é nada mais que a síntese dos elementos objetivos definidos mediante esse método. Que ela seja precisamente uma variedade quadridimensional, a experiência o mostra na aplicação do próprio método.

Esse é o resultado da análise psicológica e epistemológica dos conceitos de espaço e tempo, e constatamos: demos com *o único* significado de espaço e tempo que Einstein reconhecia como essencial para a física, e que ali colocou em vigor da forma correta. Pois ele rejeitou os conceitos newtonianos, os quais desconheciam a origem que descrevemos, e fundamentou a física sobre o conceito de coincidência de eventos. Os paradoxos da doutrina da relatividade parecem, agora, justificados e esclarecidos. O conceito de simultaneidade *no mesmo lugar*, de cujo conteúdo todos temos consciência imediata, permanece não apenas intocado, mas torna-se o fundamento de todas as teorias físicas, nelas entrando como algo "absoluto". A teoria precisa apenas chamar a atenção, ainda, para o fato de que não há, de forma alguma, uma vivência imediata de "simultaneidade em lugares diferentes", para então poder ganhar o direito de usar esse conceito, de acordo com as exigências do sistema da física. A relativização das medidas de distância e tempo, que estão inevitavelmente vinculadas à simultaneidade, deixa então de ser problemática.

Ademais, no que diz respeito à estrutura não euclidiana do espaço, a concepção aqui desenvolvida mostra que o espaço só era visto como euclidiano na física anterior (tanto na cotidiana quanto na científica) porque a experiência ensina que, dentro da precisão métrica usual, o comportamento dos corpos no espaço de fato pode ser descrito da forma mais simples com o auxílio da geometria euclidiana. Assim que observações mais precisas (como aquelas feitas quando do eclipse solar de 1919) lançaram isso por terra, passamos a estar justificados e obrigados a utilizar determinações métricas não euclidianas, e nenhuma "forma *a priori* da intuição" nos impede de fazê-lo.

Por outro lado, é certo que houve tentativas de se conservar a doutrina kantiana do espaço. *Em primeiro lugar*, pensou-se que, mesmo que o contínuo físico seja não euclidiano, nosso espaço *intuitivo* continua, a despeito disso, forçosamente euclidiano. E aqui temos esta saída, nada incomum na filosofia, para conciliar duas afirmações opostas: constroem-se dois reinos e faz-se uma afirmação valer para um deles, e a outra para o outro. Mas nesse caso o primeiro desses reinos é o espaço intuitivo *único* de Kant, que já vimos acima que devemos rejeitar; os diferentes espaços dos domínios sensíveis individuais, contudo, como se pode facilmente mostrar, são de antemão absolutamente não euclidianos. – *Em segundo lugar*, tentou-se salvar as ideias fundamentais da doutrina kantiana dizendo o seguinte: mesmo que os axiomas euclidianos tenham se revelado inadequados para a construção do espaço, é preciso, no entanto, que certas outras proposições gerais sirvam de base para qualquer construção de espaço; não se pode prescindir delas e deve-se reconhecê-las como dadas *a priori*. Uma vez, porém, que não se teve sucesso em especificar de uma vez por todas esses axiomas independentes de toda experiência, devemos considerar essa tentativa como fracassada. O apriorismo tenta em vão reclamar para si a teoria da relatividade ou seus resultados; contrariamente, estes recebem imediatamente uma interpretação natural do ponto de vista da filosofia empirista.

Isso é também o que se revela em relação ao conceito de *substância*. A nova teoria física nos ensina a conceber campos eletromagnéticos e gravitacionais como algo autônomo, o que faz com que o conceito de substância como um "portador" permanente de propriedades torne-se supérfluo na ciência da natureza, muito depois de o empirismo de um Hume já tê-lo banido da filosofia. Assim, teoria física e crítica do conhecimento estendem-se aqui as mãos para formar uma bela aliança.

É claro, porém, que há um ponto em que a teoria da ciência da natureza ultrapassa em muito o círculo em que deve mover-se a consideração dos dados psicológicos, da qual partimos. Pois a física introduz como conceito último e indefinível a coincidência de dois *eventos*; mas a análise psicogenética do espaço objetivo termina com um conceito de coincidência espaço-temporal entre dois *elementos da sensação*. Essas duas coisas são simplesmente o mesmo?

O positivismo estrito de um Mach afirma que sim. Segundo ele, só são reais os elementos vivenciados imediatamente, como as cores, sons, pressões e calores, não existindo nenhum outro evento senão o surgimento e desaparecimento desses elementos. Quando, ainda assim, a física fala de outras coincidências, Mach nos diz que aí se trata apenas de uma forma de expressão abreviada, e não de realidades no mesmo sentido em que as sensações são realidades. Para esse ponto de vista, o conceito de um universo físico em sua ordem objetiva quadridimensional seria, de fato, apenas uma expressão abreviada para a correspondência descrita acima entre as experiências espaço-temporais subjetivas de domínios sensíveis distintos e *nada mais* que isso.

Essa concepção, porém, não é a única interpretação possível dos fatos científicos. Quando destacados pesquisadores da área de exatas não se cansam de dizer que a imagem de universo estritamente positivista não os satisfaz, a razão disso está sem dúvida no fato de que nem todas as grandezas que aparecem nas leis físicas designam "elementos" no sentido machiano. As coincidências expressas por meio das equações diferenciais da física não são imediatamente vivenciáveis, elas não indicam diretamente uma coincidência de dados sensíveis, mas primeiramente de grandezas não intuitivas, como intensidades de campos elétricos e magnéticos e coisas desse gênero. Ora, nada nos obriga a afirmar que no universo existem apenas os elementos intuitivos das cores, sons e assim por diante; pode-se muito bem supor que, além deles, existem também elementos ou qualidades que não são vivenciadas diretamente e deveriam igualmente ser designadas como "reais", sejam eles comparáveis com aqueles elementos intuitivos, ou não. Intensidades elétricas, por exemplo, poderiam então denotar elementos da realidade da mesma forma como cores e sons. Pois elas são *mensuráveis*, e não se vê por que a teoria do conhecimento deveria rejeitar o critério de realidade da física (ver acima, p. 32). Nesse caso, também o conceito de elétron ou átomo não seria necessariamente um mero conceito auxiliar, uma ficção econômica, mas poderia igualmente denotar uma conexão ou complexo real de tais elementos objetivos, como, por exemplo, o conceito de "eu" indica um complexo real de elementos intuitivos, cuja peculiar conexão consiste na assim chamada "unidade da consciência". A imagem de universo da física seria um sistema simbólico ordenado em um esquema quadridimensional, por meio do qual nós conhecemos a realidade; portanto *mais* que uma mera construção auxiliar para nos localizarmos em meio aos elementos intuitivos dados.

Essas duas concepções se opõem uma à outra, e creio que não existe uma demonstração rigorosa da correção de uma e da falsidade da outra. Se eu, pessoalmente, professo a segunda, que pode ser chamada de mais realista em oposição à estritamente positivista, o que me leva a isso são as seguintes razões.

Em primeiro lugar, parece-me uma estipulação arbitrária, até mesmo dogmática, fazer apenas os elementos intuitivos e suas relações contarem como *reais*. Por que as vivências intuitivas devem ser os únicos "eventos" no universo, por que não deve haver outros além deles? Essa restrição do conceito de realidade ao imediatamente dado não é justificada pelo procedimento das ciências. Ela tem sua origem na oposição a certas concepções metafísicas equivocadas, mas estas podem ser evitadas por outros caminhos.

Em segundo lugar, a imagem de universo estritamente positivista não me parece satisfatória porque apresenta certas lacunas: aquele estreitamento do conceito de realidade abre, por assim dizer, buracos na realidade, os quais são preenchidos por meio de meros conceitos auxiliares. O lápis em minha mão deve ser real, mas as moléculas que o compõem, meras ficções. Essa oposição, frequentemente imprecisa e oscilante, entre conceitos que designam coisas reais e aqueles que são apenas construções auxiliares é insustentável a longo prazo, e nós a evitamos por meio da suposição, certamente permitida, de que todo conceito de fato utilizável para a descrição da natureza pode igualmente ser considerado como signo para algo real. Na busca pela clareza epistemológica última, creio que nunca se precisará abrir mão dessa suposição. Acredito que ela possibilita uma visão do universo coesa e bem acabada, a qual atende até mesmo às exigências que os "realistas" impõem ao pensamento, sem contudo renunciar a nenhuma das vantagens que, com razão, se atribuem à visão positivista do universo.

Uma das mais importantes dessas vantagens consiste em que a relação das teorias individuais umas com as outras passa a ser corretamente reconhecida e avaliada. No curso de nossa apresentação, tivemos muitas vezes de tornar claro que, em muitos casos, não há possibilidade nem necessidade de destacar uma entre várias concepções distintas e assinalá-la como a única *verdadeira*. Nunca será possível demonstrar que só Copérnico tem razão e que Ptolomeu, por outro lado, estava equivocado; não há coerção lógica em virtude da qual devemos opor a teoria da relatividade à do absoluto como a única correta, ou dizer que as determinações métricas euclidianas são absolutamente falsas ou absolutamente corretas – mas a única coisa que sempre se pode mostrar é que, entre essas alternativas, uma concepção é mais simples que a outra e conduz a uma imagem de universo mais coesa e satisfatória.

Toda teoria consiste de uma estrutura de conceitos e juízos, e é *correta* ou *verdadeira* quando o sistema de juízos designa de forma *inequívoca* o universo dos fatos. Com efeito, se existe tal coordenação inequívoca entre conceitos e realidade, pode-se, com o auxílio da estrutura de juízos da teoria, derivar o curso dos fenômenos naturais e assim, por exemplo, predizer eventos futuros. Sabemos que a ocorrência de tais predições, ou seja, o acordo entre o que foi calculado e a observação, é a única pedra de toque da verdade de uma teoria. Ora, mas é possível descrever *os mesmos* fatos por meio de *diferentes* sistemas de juízos, de modo que pode haver diversas teorias às quais o critério de verdade se aplica da mesma maneira e que, todas elas, fazem jus às observações na mesma medida e conduzem às mesmas previsões. São simplesmente sistemas simbólicos diferentes que estão coordenados à mesma realidade objetiva, modos de expressão distintos que traduzem um mesmo conjunto de fatos. Entre todas as concepções possíveis que, dessa forma, contêm o mesmo fundo de verdade, uma delas deve ser a mais simples. O fato de que sempre damos preferência precisamente a ela não se funda meramente em uma economia prática, uma espécie de comodidade intelectual (como já se pensou), mas possui sua razão lógica neste outro fato, o de que a teoria mais simples contém o mínimo de momentos *arbitrários*. Pois as concepções mais complicadas necessariamente contêm conceitos supérfluos, que eu posso manejar a meu bel-prazer e que, por conseguinte, não são determinados pelos fatos considerados. Por isso, tenho todo direito de dizer que nada real corresponde a esses conceitos em si e por si mesmos. Em contrapartida, na teoria mais simples, o papel de cada conceito individual é exigido pelos fatos, ela forma um sistema simbólico sem ingredientes dispensáveis. Por exemplo, a teoria do éter de Lorentz (ver acima, p. 11) apresenta um sistema de coordenadas como privilegiado em relação a todos os outros, mas não tem em princípio nenhum meio de jamais especificar realmente esse sistema. Ela, assim, arrasta consigo o fardo do conceito de movimento absoluto, enquanto o conceito de movimento relativo basta para uma descrição inequívoca dos fatos.

Entre tais momentos supérfluos estão ainda – o que viemos a reconhecer como consequência máxima da teoria da relatividade geral – os conceitos de espaço e tempo na forma como eles apareciam até hoje na física. Eles não encontram nenhuma aplicação por si mesmos e isoladamente, mas apenas na medida em que entram no conceito de coincidência espaço-temporal de eventos. Podemos, portanto, reiterar que eles só designam algo real nessa união, e não isolados por si mesmos.

Já se propôs a questão sobre se, na teoria *mais simples* – a qual de fato só descreve o que se pode experienciar e constatar, sem nenhum acréscimo *arbitrário* –, todo momento arbitrário está ao mesmo tempo excluído. Poder-se-ia acreditar que esse é o caso na teoria da relatividade geral, uma vez que ela realmente enfatiza aquilo que vale de forma completamente independente da escolha de coordenadas e fornece apenas leis entre coincidências espaço-temporais, portanto entre coisas pura e simplesmente observáveis, estabelecidas antes de qualquer interpretação.

Mas mesmo a teoria mais simples, a qual não contém nem um único conceito a mais, não está livre de elementos arbitrários. A caracterização de fatos por meio de juízos pressupõe, como toda coordenação, certas convenções arbitrárias; é só por meio delas, por exemplo, que uma *medição* se torna possível. A convenção fundamental (embora extremamente natural) para a imagem einsteiniana de universo é a de que, na esfera do pequeno, deve valer a teoria da relatividade restrita com suas determinações métricas euclidianas. Dessa forma, continua verdadeira a proposição de Poincaré segundo a qual não chegamos ao estabelecimento das leis naturais sem lançar mão de alguma convenção.

Reconhecemos agora o colossal alcance teórico das novas concepções. A análise de Einstein dos conceitos de espaço e de tempo faz parte da mesma linha de desenvolvimento filosófico à qual pertence a crítica de David Hume às representações de substância e causalidade. Como essa linha seguirá se desenvolvendo, ainda não se pode dizer. Mas o método que a dirige é o único que pode dar frutos na teoria do conhecimento: uma crítica rigorosa dos conceitos fundamentais das ciências que elimina tudo o que eles têm de supérfluo e traz à luz, de forma cada vez mais nítida, seu conteúdo genuíno e definitivo.

LITERATURA RELACIONADA

Para uma apresentação curta e descomplicada do tema tratado neste livreto, recomendamos, sobretudo, o belo escrito de Einstein: "Sobre a teoria da relatividade restrita e geral. Uma exposição acessível" (1921). Uma descrição compreensível da teoria restrita, que igualmente prescinde do uso de matemática avançada, é dada pela "Introdução à Teoria da Relatividade" (1920), de W. Bloch. Max Born, por sua vez, oferece uma construção clara e excelente, desde suas bases: "A Teoria da Relatividade de Einstein e seus fundamentos físicos. Uma exposição elementar" (1921). Outros escritos muito bons, que evitam completamente a utilização de qualquer auxílio matemático são "A Ideia da Teoria da Relatividade" (1921), de H. Thirring, e "O que se pode compreender da Teoria da Relatividade, sem matemática?" (1922), de P. Kirchberger.

Um estudo mais aprofundado naturalmente exige que se leiam os tratados e manuais originais. O manual de W. Pauli ("Teoria da Relatividade" (1921)) trata de todos os resultados da teoria de forma muito completa, mas também excepcionalmente sucinta e detalhada. O livro de H. Weyl,

"Espaço, Tempo e Matéria" (1921) foi escrito com a mais alta elegância matemática e é atravessado por um espírito verdadeiramente filosófico. Do ponto de vista matemático e físico, a melhor opção é a excelente obra de M. von Laue: "A Teoria da Relatividade" (1921). O livro mais adequado para uma introdução ao tema, devido ao fato de ele se limitar ao essencial e também pela clareza da apresentação matemática, é o de A. Kopf: "Princípios da Teoria da Relatividade de Einstein"(1921).